普通高等院校信息类CDIO项目驱动型规划教材

丛书主编：刘平

传感器与检测技术

（项目教学版）

主　编：耿欣

副主编：乔莉　胡瑞　商俊平

清華大學出版社

北京

内容简介

本书按照现代传感器技术在日常生活和工业生产中的典型应用分门别类展开，重点介绍传感器集成应用技术。本书针对每一种传感器提供了实际的应用电路，并做了详尽分析，取材新颖，内容丰富。书中每一种传感器的应用都按照项目的方式展开，按照实践、归纳、再实践的方法不断强化读者对现代传感器技术的应用能力。

本书可作为自动化、建筑电气与智能化、电气工程及其自动化、通信工程、电子工程、轨道交通信号与控制、物联网工程等本科专业教材或教学参考书，也可供相关技术人员参考。

图书在版编目(CIP)数据

传感器与检测技术：项目教学版/耿欣主编. —北京：清华大学出版社，2014(2023.9重印)
(普通高等院校信息类CDIO项目驱动型规划教材)
ISBN 978-7-302-34027-0

Ⅰ. ①传…　Ⅱ. ①耿…　Ⅲ. ①传感器—检测—高等学校—教材　Ⅳ. ①TP212

中国版本图书馆CIP数据核字(2013)第234309号

责任编辑：付弘宇　薛　阳
封面设计：常雪影
责任校对：李建庄
责任印制：杨　艳

出版发行：清华大学出版社
　　网　　址：http://www.tup.com.cn，http://www.wqbook.com
　　地　　址：北京清华大学学研大厦A座　　**邮　　编**：100084
　　社 总 机：010-83470000　　**邮　　购**：010-62786544
　　投稿与读者服务：010-62776969，c-service@tup.tsinghua.edu.cn
　　质量反馈：010-62772015，zhiliang@tup.tsinghua.edu.cn
　　课件下载：http://www.tup.com.cn，010-83470236
印 装 者：涿州市般润文化传播有限公司
经　　销：全国新华书店
开　　本：185mm×260mm　　**印　　张**：10.5　　**字　　数**：257千字
版　　次：2014年2月第1版　　**印　　次**：2023年9月第8次印刷
印　　数：6901～7200
定　　价：35.00元

产品编号：054083-02

前言

本教材根据高素质技术应用型人才的培养目标，以必需、够用为度，精选必需的内容，其余内容引导学生根据兴趣和需要有目的、有针对性地自学。

全书共分为6大模块，共计十余个传感器应用项目。模块1，传感器与检测技术基本知识；模块2，温度传感器的应用；模块3，压力传感器的应用；模块4，位移传感器的应用；模块5，速度传感器的应用；模块6，其他传感器的应用。

本书的编写突出了以下主要特点：

(1) 在内容安排上，将传感器技术与日常生活和工业生产紧密结合，便于读者提升学习兴趣和学习热情。

(2) 在总体结构上，采用结构式描述，将同一类被测量放在同一模块中，每一个项目介绍一种不同传感器的应用，易读、易懂、易学、易记。

(3) 在每个项目中，以传感器应用为主线，设计出具体的应用电路，适当保留理论知识，但放在整个内容的最后；将每个传感器的应用电路放在前面，突出了传感器的应用电路。

通过各个项目学习，可以提高学生的动手能力及分析问题、解决问题的能力，培养学生的职业能力，从课程的层面体现了CDIO的教育理念。

本书由耿欣主编，乔莉、胡瑞和商俊平任副主编，其中第1模块、第2模块由耿欣执笔，第3模块、第4模块由乔莉、耿欣共同执笔，第5模块由胡瑞、耿欣共同执笔，第6模块由商俊平、耿欣、张文静共同执笔，全书由耿欣统稿定稿。在编写过程中得到了刘平院长的大力支持和帮助，刘寅生教授对本书的编写提出了宝贵意见，顾红光、杨徽、邵帅、叶国琛、石晓磊、卢浩、顾金庭、刘嘉伟对本书内容进行了校对，在此一并表示感谢。

由于时间仓促，作者水平有限，书中难免存在疏漏和不妥之处，感谢读者批评指正。

编　者

2013年12月

目录

模块1 传感器与检测技术基本知识

引入项目

概述

本模块主要学习传感器的概念、测量及误差知识及传感器接口电路等知识。通过本模块的学习，应明白传感器在现代测控系统中的地位、作用，知道传感器的定义，了解其发展趋势；掌握与测量有关的名词、测量的分类、误差的表示形式及根据测量精度要求如何来选择仪表。

传感器是现代测控系统的感知元件，一般情况下，要通过接口电路实现传感器与控制电路的连接，所以接口电路也非常重要，应理解并熟练掌握接口电路的形式、原理及作用，在工作中，能根据现象判断故障的位置。

在学习本模块前，应复习一下电路基本理论、电子技术相关的知识，通过学习能制作一些简单的接口电路，以锻炼自己的动手和解决问题的能力。

模块结构

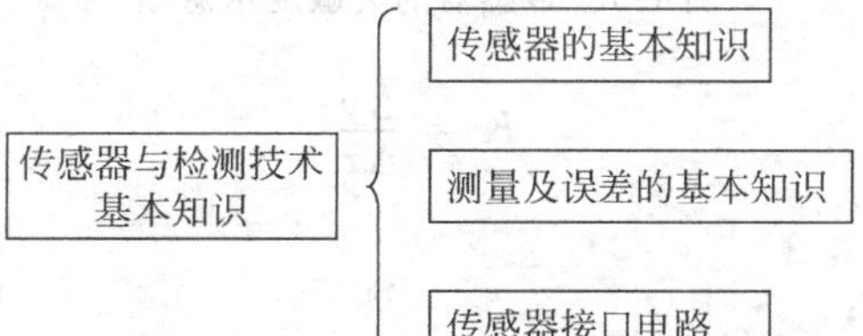

预备知识

- 基尔霍夫电压定律
- 基尔霍夫电流定律
- 同相放大电路
- 反相放大电路

项目1 传感器的基本知识

一、项目目标

了解传感器在各领域中的应用,掌握传感器的静态特性。

二、项目分析

通过各种手段查阅传感器静态特性的相关资料,传感器的主要静态特性包括线性度、灵敏度、迟滞性、重复性等。

三、项目实施

1. 基本特性

传感器的静态特性是指对静态的输入信号,传感器的输出量与输入量之间的关系。因为输入量和输出量都和时间无关,它们之间的关系,即传感器的静态特性可用一个不含时间变量的代数方程,或以输入量作横坐标,把与其对应的输出量作纵坐标而画出的特性曲线来描述。表征传感器静态特性的主要参数有:线性度、灵敏度、分辨力和迟滞等,传感器的参数指标决定了传感器的性能以及选用传感器的原则。

1) 传感器的灵敏度

灵敏度是指传感器在稳态工作情况下输出量变化对输入量变化的比值。传感器的灵敏度示意图如图1.1所示。

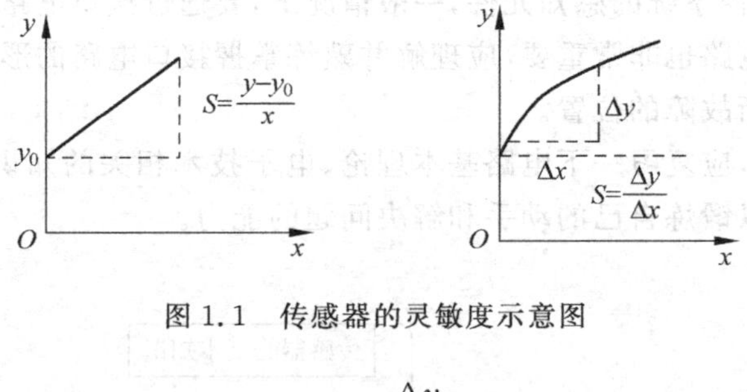

图1.1 传感器的灵敏度示意图

$$K = \frac{\Delta y}{\Delta x} \tag{1.1}$$

式中,K——灵敏度;

Δx——输入变化量;

Δy——输出变化量。

如果传感器的输出和输入之间呈线性关系,则灵敏度 K 是一个常数,即特性曲线的斜率。如果传感器的输出和输入之间呈非线性关系,则灵敏度 K 不是一个常数,灵敏度的量纲是输出量、输入量的量纲之比。例如,某位移传感器,在位移变化1mm时,输出电压变化为200mV,则其灵敏度应表示为200mV/mm。当传感器的输出量、输入量的量纲相同时,灵敏度可理解为放大倍数。

提高灵敏度，可得到较高的测量精度。但灵敏度愈高，测量范围愈窄，稳定性也往往愈差。

例 1.1　某一型号温度传感器，量程为 0～300℃，输出信号为直流电压 1～5V。当温度 $T=150$℃时，输出电压 $U_0'=3.004\text{V}$。求：

(1) 写出该传感器理想的静态特性方程式。

(2) 该传感器在温度 $T=150$℃时，输出的绝对误差。

答：(1) 该传感器理想的静态特性是一个线性方程，即：

$$\frac{U_o-1}{T-0}=\frac{5-1}{300-0} \tag{1.2}$$

整理式(1.2)得：

$$U_o=\frac{1}{75}T+1 \tag{1.3}$$

将 $T=150$ 代入式(1.3)得到该温度点输出的真值为：

$$U_o=\frac{1}{75}\times 150+1=3\text{V} \tag{1.4}$$

(2) 该温度点输出的绝对误差为：

$$\Delta U=U_o'-U_o=3.004-3=0.004\text{V} \tag{1.5}$$

例 1.2　已知某一压力传感器的量程为 0～10MPa，输出信号为直流电压 1～5V。求：

(1) 该压力传感器的静态特性表达式。

(2) 该压力传感器的灵敏度。

答：(1) 由于压力传感器是一线性检测装置，所以输入输出应符合下列关系：

$$\frac{V-1}{P-0}=\frac{5-1}{10-0} \tag{1.6}$$

整理式(1.6)得：

$$V=0.4P+1 \tag{1.7}$$

(2) 对该特性方程式求导得灵敏度为：

$$S=\frac{\text{d}V}{\text{d}P}=0.4 \tag{1.8}$$

2) 传感器的线性度

线性度是指实际特性曲线近似理想特性曲线的程度。通常情况下，传感器的实际静态特性输出是条曲线而非直线。在实际工作中，为使仪表具有均匀刻度的读数，常用一条拟合直线近似地代表实际的特性曲线。拟合直线的选取有多种方法，如将零输出和满量程输出点相连的理论直线作为拟合直线，线性度就是这个近似程度的一个性能指标。传感器的线性度示意图如图 1.2 所示。

$$r=\Delta L_{\max}/Y_{\text{FS}}\times 100\% \tag{1.9}$$

式中，r——线性度；

$\Delta L_{\max}$——实际曲线和拟合直线之间的最大差值；

Y_{FS}——传感器的量程。

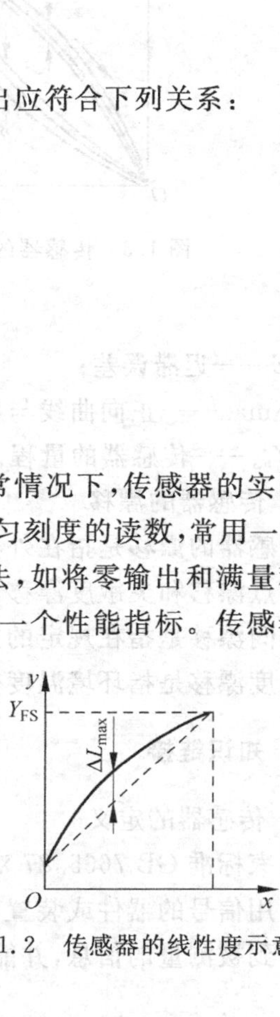

图 1.2　传感器的线性度示意图

3) 传感器的分辨力

分辨力是指传感器可能感受到的被测量的最小变化

的能力。也就是说,如果输入量从某一非零值缓慢地变化,当输入变化值未超过某一数值时,传感器的输出不会发生变化,即传感器对此输入量的变化是分辨不出来的。只有当输入量的变化超过分辨力时,其输出才会发生变化。

通常传感器在满量程范围内各点的分辨力并不相同,因此常用满量程中能使输出量产生阶跃变化的输入量中的最大变化值作为衡量分辨力的指标。

4) 传感器的重复性

传感器在输入量按同一方向做全量程多次测试时,所得特性曲线不一致的程度。传感器的重复性示意图如图 1.3 所示。

$$E = \Delta\max/2Y_{FS} \times 100\% \tag{1.10}$$

式中,E——重复性;

$\Delta\max$——多次测量曲线之间的最大差值;

Y_{FS}——传感器的量程。

5) 传感器的迟滞性

传感器在正向行程(输入量增大)和反向行程(输入量减小)期间,特性曲线不一致的程度。传感器的迟滞特性示意图如图 1.4 所示。

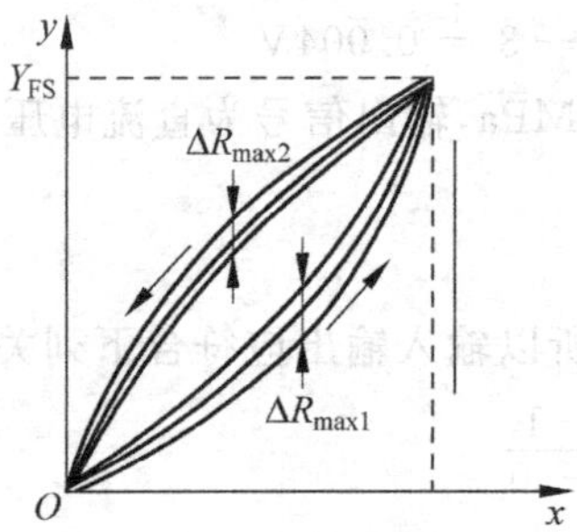

图 1.3 传感器的重复性示意图

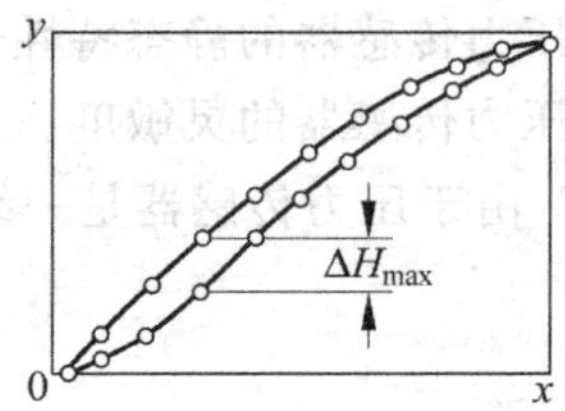

图 1.4 传感器的迟滞性示意图

$$E = \Delta\max/2Y_{FS} \times 100\% \tag{1.11}$$

式中,E——迟滞误差;

$\Delta\max$——正向曲线与反向曲线之间的最大差值;

Y_{FS}——传感器的量程。

6) 传感器的漂移

传感器的漂移是指在外界的干扰下,输出量发生与输入量无关的、不需要的变化。漂移分为零点漂移和灵敏度漂移等。漂移还可分为时间漂移和温度漂移。

时间漂移是指在规定的条件下,零点或灵敏度随时间的缓慢变化。

温度漂移是指环境温度变化而引起的零点或灵敏度的漂移。

2. 知识链接

1) 传感器的定义

国家标准 GB 7665.87 对传感器的定义是:“能感受规定的被测量并按照一定的规律转换成可用信号的器件或装置,通常由敏感元件和转换元件组成”。传感器是一种检测装置,能感受到被测量的信息,并能将检测感受到的信息,按一定规律变换成为电信号或其他所需形式的信息输出，以满足信息的传输、处理、存储、显示、记录和控制等要求。它是实现自动检测和自动控制的首要环节。传感器的输出信号多为易于处理的电量，如电压、电流、频率等。传感器的组成框图如图1.5所示。

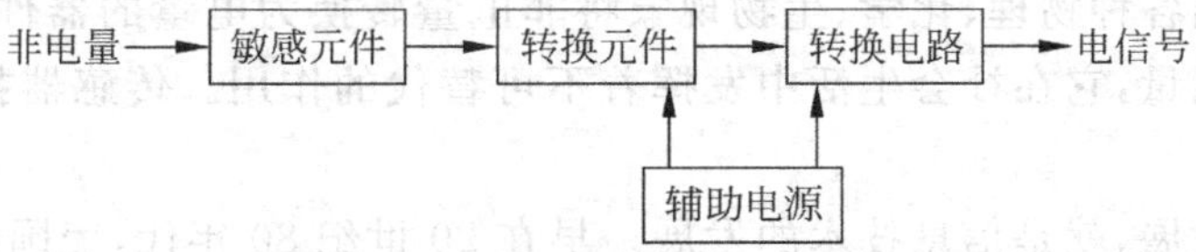

图1.5　传感器的组成框图

图中敏感元件是在传感器中直接感受被测量的元件。即被测量通过传感器的敏感元件转换成一个与之有确定关系、更易于转换的非电量。这一非电量通过转换元件被转换成电参量。转换电路的作用是将转换元件输出的电参量转换成易于处理的电压、电流或频率量。应该指出，有些传感器将敏感元件与转换元件合二为一了。

2) 传感器分类

根据某种原理设计的传感器可以同时检测多种物理量，而有时一种物理量又可以用几种传感器测量，传感器有很多种分类方法。但目前对传感器尚无一个统一的分类方法，但比较常用的有如下三种。

(1) 按传感器的物理量分类，可分为位移、力、速度、温度、湿度、流量等传感器。

(2) 按传感器工作原理分类，可分为电阻、电容、电感、电压、霍尔、光电、光栅、热电偶等传感器。

(3) 按传感器输出信号的性质分类，可分为：输出为开关量（“1”和“0”或“开”和“关”）的开关型传感器；输出为模拟型传感器；输出为脉冲或代码的数字型传感器。

3) 传感器数学模型

传感器检测被测量，应该按照规律输出有用信号，因此，需要研究其输出、输入之间的关系及特性，理论上用数学模型来表示输出、输入之间的关系和特性。

传感器可以检测静态量和动态量，输入信号不同，传感器表现出来的关系和特性也不尽相同。在这里，将传感器的数学模型分为动态和静态两种，本书只研究静态数学模型。

静态数学模型是指在静态信号作用下，传感器输出与输入量之间的一种函数关系。表示为：

$$y = a_0 + a_1 x + a_2 x^2 + \cdots + a_n x^n \tag{1.12}$$

式中，x——输入量；

y——输出量；

a_0——零输入时的输出，也称零位误差；

a_1——传感器的线性灵敏度，用 K 表示；

$a_2 \cdots a_n$——非线性项系数。

根据传感器的数学模型一般把传感器分为以下三种。

(1) 理想传感器，静态数学模型表现为 $y=a_1 x$。

(2) 线性传感器，静态数学模型表现为 $y=a_0+a_1 x$。

(3) 非线性传感器，静态数学模型表现为 $y=a_0+a_1x+a_2x^2+\cdots+a_nx^n$（$a_2\cdots a_n$ 中至少有一个不为零）。

4) 传感器的应用

传感器是利用各种物理、化学、生物现象将非电量转换为电量的器件，传感器可以检测自然界所有的非电量，它在社会生活中发挥着不可替代的作用。传感器技术是自动控制技术的核心技术。

当今社会的发展，就是信息技术的发展。早在20世纪80年代，美国首先认识到世界已进入传感器时代，日本也将传感器技术列为十大技术之首，我国将传感器技术列为国家八五重点科技攻关项目，建成了"传感器技术国家重点实验室"、"国家传感器工程中心"等研究开发基地。传感器产业已被国内外公认为是具有发展前途的高技术产业。它以其技术含量高、经济效益好、渗透力强、市场前景广等特点为世人所瞩目。

随着现代科技技术的高速发展，人们生活水平的迅速提高，传感器技术越来越受到普遍的重视，它的应用已渗透到国民经济的各个领域。

(1) 在工业生产中的应用

在工业生产过程中，必须对温度、压力、流量、液位等参数进行检测，实现对工作状态的监控，诊断生产设备的各种情况，使生产系统处于最佳状态，从而保证产品质量，提高效益。目前，传感器与微机、通信技术的结合，使工业监测实现了自动化。如果没有传感器，现代工业生产自动化程度会大大降低。

举例来说，自动化生产线要保证食用油能准确地注入油桶，并能控制一定的重量，装完后能拧好顶盖，然后在合适的位置贴好商标，整个过程都需要通过仪器检测出油桶的位置、注油量、油桶盖的安装位置以及商标粘贴位置，以达到自动化控制的目的。现代化的生产过程大都采用了自动计数系统，它轻而易举地解决了生产中工件数目繁多、难以计数的问题。光电计数机，它运用了光电传感器，可实现自动计数、缺料报警及剔除不良计数工件的功能。工业用光电计数机实物图如图1.6所示。

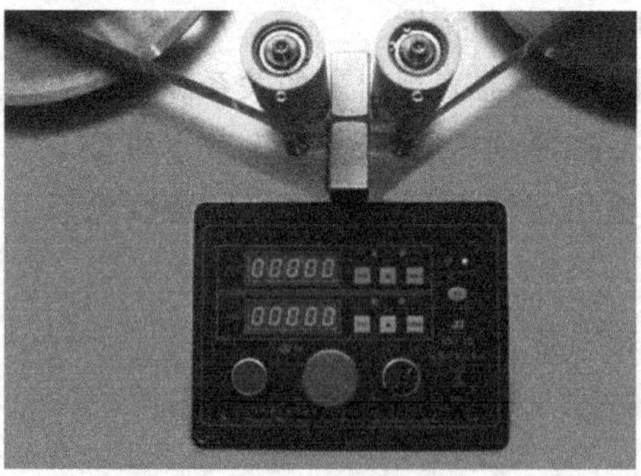

图1.6 工业用光电计数机实物图

(2) 在汽车电控系统中的应用

随着人们生活水平的提高，汽车已逐渐走进千家万户。传感器在汽车中相当于感官和触角，只有它才能采集汽车工作状态的信息，提高自动化程度。汽车传感器主要分布在发动机控制系统、地盘控制系统和车身控制系统中。汽车配备的传感器数量在不断增加。

举例来说，仅发动机的燃料喷射系统就需要配备15个传感器，再加上车辆控制系统、车身控制系统以及信息通信系统，一台汽车上的传感器数量甚至会超过150个。就是将汽车称为诸多传感器的集合体也不为过。混合动力车及电动汽车因电动部件增加，传感器的定位就更高。汽车传感器应用示意图如图1.7所示。

(3) 在现代医学领域中的应用

医学传感器作为拾取生命体征信息的五官，它的作用日益显著，并得到广泛应用。在图

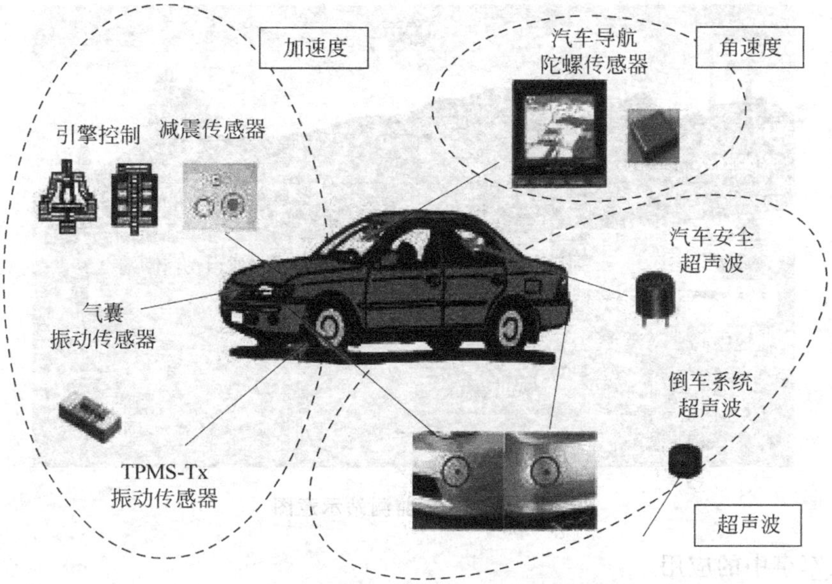

图 1.7　汽车传感器应用示意图

像处理、临床化学检验、生命体征参数监护、疾病的诊断与治疗方面，广泛使用传感器。医学传感器分为物理传感器、化学传感器、生物传感器。被测量生理参数均为低频或超低频信息，频率分布一般低于 300Hz。生理参数的信号微弱，测量范围分布在 μV～mV 数量级。传感器在现代医学中已无处不在。

举例来说，医用传感器在医学上的用途主要是检测、监护、控制。检测即测量正常或异常生理参数，如先心病病人手术前须用血压传感器测量心内压力，估计缺陷程度。监护即连续测定某些生理参数是否处于正常范围，以便及时预报，如在 ICU 病房，对危重病人的体温、脉搏、血压、呼吸、心电等进行连续监护的监护仪。控制即利用检测到的生理参数控制人体的生理过程。比如，用同步呼吸器抢救病人时，要检测病人的呼吸信号，以此来控制呼吸器的动作与人体呼吸同步。家庭医用监护仪示意图如图 1.8 所示。

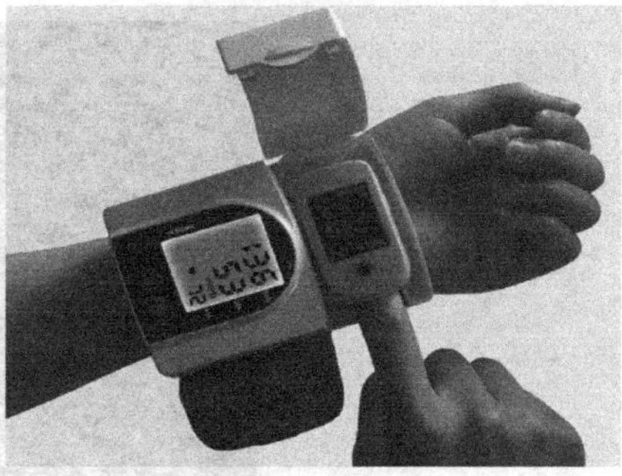

图 1.8　家庭医用监护仪示意图

(4) 在环境监测方面的应用

人们工作、生活、娱乐等场所都需要一个安全的环境。家庭中对煤气泄漏的及时发现，公共场所对火灾初期情况的及时掌握，对人员疏散、最大限度减少生命及财产损失至关重要。

近年来，环境污染问题日益严重，人们迫切希望拥有一种能对污染物进行连续、快速、在线监测的仪器，传感器满足了人们的要求。目前，已有相当一部分传感器应用于环境监测中。

举例来说，二氧化硫是酸雨形成的主要原因，传统的方法很多，现在将亚细胞类脂类固定在醋酸纤维膜上，和氧电极制成安培型生物传感器，可对酸雨酸雾溶液进行检测，大大简化了检测方法。环境监测站示意图如图 1.9 所示。

图 1.9　环境监测站示意图

(5) 在军事中的应用

当今，传感器在军事上的应用极为广泛，可以说无时不用、无处不用，大到飞机、舰船、坦克、火炮等装备系统，小到单兵作战武器，从参战的武器系统到后勤保障，遍及整个作战系统及作战的全过程。传感器在军用电子系统中的运用促进了武器、作战指挥、控制、监视和通信方面的智能化。传感器在远方战场监视系统、防控系统、雷达系统、导弹系统等方面，都有广泛的应用，是提高军事战斗力的重要因素。

举例来说，美国航天飞机上的传感器有一百多种四千多个；用于陆军单兵作战的多功能电子设备，包括各类 MEMS 传感器，如夜视仪、红外瞄准器等；有多种微型传感器的机器人坦克、自主式地面车辆已投入使用。红外夜视仪效果图如图 1.10 所示。

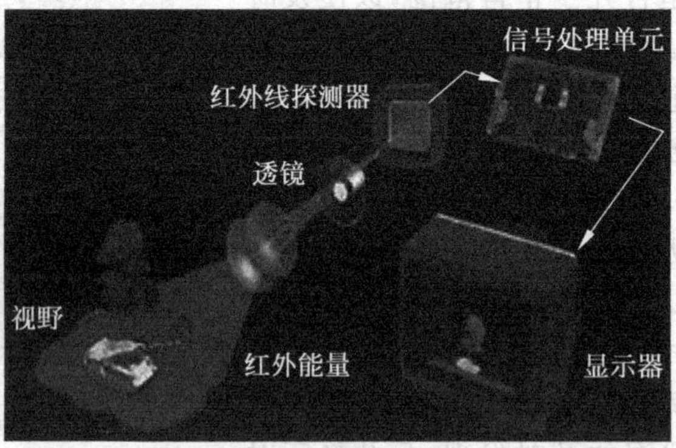

图 1.10　红外夜视仪效果图

(6) 在家用电器中的应用

随着电子技术的兴起，家用电器正向自动化、智能化的方向发展。自动化和智能化的中心就是研制计算机和各种类型的传感器组成的控制系统。

举例来说，一台空调器采用微型计算机控制配合传感器技术，可以实现压缩机的启动、停机、风扇摇头、风门调节、换气等，从而对温度、湿度和空气浊度进行控制。测量空调压缩机转速示意图如图 1.11 所示。

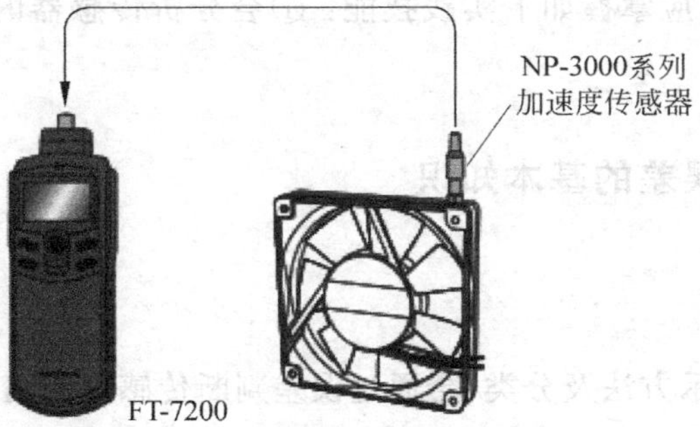

图 1.11　测量空调压缩机转速示意图

(7) 在智能建筑领域中的应用

智能建筑是未来建筑的一种必然趋势,它涵盖自动化、信息化、生态化等多方面的内容,具有微型集成化、高精度、数字化特征的智能传感器将在智能建筑中占有重要位置。

举例来说,如闭路监控系统、防盗报警系统、楼宇对讲系统、停车场管理系统、小区一卡通系统、红外周界报警系统、电子围栏、巡更系统、考勤门禁系统、电子考场系统、智能门锁等。防盗报警系统示意图如图 1.12 所示。

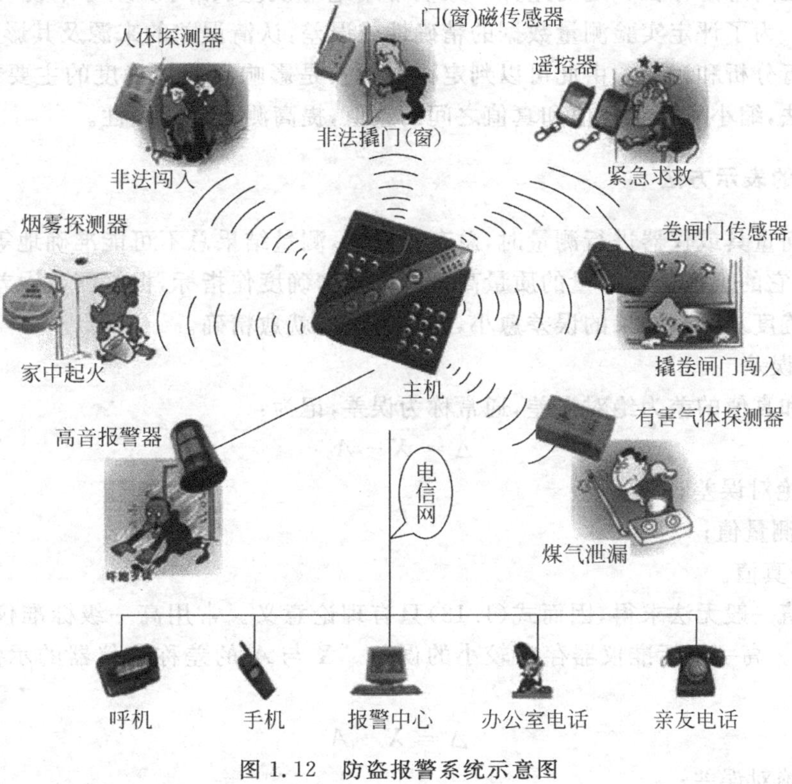

图 1.12　防盗报警系统示意图

四、项目总结

通过本项目的学习,应掌握如下知识重点:①掌握传感器的定义、组成;②传感器的静态特性指标。

通过本项目的学习,应掌握如下实践技能:①会分析传感器的静态特性指标;②会建立传感器的数学模型。

项目2　测量及误差的基本知识

一、项目目标

了解测量误差的表示方法及分类,会通过误差判断传感器的精度等级。

二、项目分析

通过各种手段查阅误差的表示方法及分类,通过误差分析判断传感器是否满足精度要求。

三、项目实施

由于测量方法和仪器设备的不完善,周围环境的影响,以及人的观察力等限制,实际测量值和真值之间总是存在一定的差异。人们常用绝对误差、相对误差等来说明一个近似值的准确程度。为了评定实验测量数据的精确性或误差,认清误差的来源及其影响,需要对测量的误差进行分析和讨论。由此可以判定哪些因素是影响实验精确度的主要方面,进一步改进测量方法,缩小实际测量值和真值之间的差值,提高测量的精确性。

1. 误差的表示方法

利用任何量具或仪器进行测量时,总存在误差,测量结果总不可能准确地等于被测量的真值,而只是它的近似值。测量的质量高低以测量精确度作指标,根据测量误差的大小来估计测量的精确度。测量结果的误差愈小,则认为测量就愈精确。

1) 绝对误差

测量值和真值的差为绝对误差,通常称为误差,记为:

$$\Delta = X - A_0 \tag{1.13}$$

式中,Δ——绝对误差;

X——测量值;

A_0——真值。

由于真值一般无法求得,因而式(1.13)只有理论意义。常用高一级标准仪器的示值 A 代替真值 A_0。高一级标准仪器存在较小的误差。X 与 A 的差称为仪器的示值绝对误差,记为:

$$\Delta = X - A \tag{1.14}$$

式中,Δ——绝对误差;

X——测量值;

A——高一级标准仪表的示值。

与 Δ 相反的数称为修正值,记为

$$C = -\Delta = A - X \tag{1.15}$$

2）相对误差

衡量某一测量值的准确程度，一般用相对误差来表示。示值绝对误差 Δ 与被测量的实际值 A 的百分比值称为实际相对误差。记为：

$$\gamma_A = \frac{\Delta}{A} \times 100\% \tag{1.16}$$

式中，γ_A——实际相对误差；

Δ——绝对误差；

A——实际值。

以仪器的示值 X 代替实际值 A 的相对误差称为示值相对误差。记为：

$$\gamma_X = \frac{\Delta}{X} \times 100\% \tag{1.17}$$

式中，γ_X——示值相对误差；

Δ——绝对误差；

X——测量值。

一般来说，除了某些理论分析外，用示值相对误差较为适宜。

3）引用误差

为了计算和划分仪表精确度等级，提出引用误差的概念。其定义为仪表示值绝对误差与量程范围的比。

$$\gamma_A = \frac{\text{示值绝对误差}}{\text{量程范围}} \times 100\% = \frac{\Delta}{X_n} \times 100\% \tag{1.18}$$

式中，γ_A——引用误差；

Δ——示值绝对误差；

X_n——标尺上限值－标尺下限值。

2. 测量仪表精确度

测量仪表的精度等级是用最大引用误差（又称允许误差）来标明的。它等于仪表最大示值绝对误差与仪表的量程范围之比的百分数。

$$\gamma_{n\max} = \frac{\text{最大示值绝对误差}}{\text{量程范围}} \times 100\% = \frac{\Delta_{\max}}{X_n} \times 100\% \tag{1.19}$$

式中，$\gamma_{n\max}$——引用误差；

$\Delta_{\max}$——仪表示值的最大绝对误差；

X_n——量程范围，即标尺上限值减去标尺下限值。

测量仪表的精度等级是国家统一规定的，把允许误差中的百分号去掉，剩下的数字的绝对值称为仪表的精度等级。例如，某台压力计的允许误差为1.5%，这台压力计电工仪表的精度等级就是1.5，通常简称1.5级仪表。我国仪表的精度等级分为7级：0.1、0.2、0.5、1.0、1.5、2.5、5.0。

图1.13　仪表精度等级示意图

仪表的精度等级常以圆圈内的数字标明在仪表的面板上。仪表精度等级示意图如图1.13所示。

若仪表的精度等级为 a，它表明仪表在正常工作条件下，其最

大引用误差的绝对值 δ_{max} 不能超过的界限，即

$$\gamma_{n\max} = \frac{\Delta_{\max}}{X_n} \times 100\% \leqslant a\% \tag{1.20}$$

由式(1.20)可知，在应用仪表进行测量时所能产生的最大绝对误差为：

$$\Delta_{\max} \leqslant a\% \cdot X_n \tag{1.21}$$

例 1.3 用量限为 5A，精度为 0.5 级的电流表，分别测量两个电流，$I_1 = 5\text{A}$，$I_2 = 2.5\text{A}$，试求测量 I_1 和 I_2 的相对误差为多少？

解：

$$\gamma_{m1} = a\% \times \frac{I_n}{I_1} = 0.5\% \times \frac{5}{5} = 0.5\% \tag{1.22}$$

$$\gamma_{m2} = a\% \times \frac{I_n}{I_2} = 0.5\% \times \frac{5}{2.5} = 1.0\% \tag{1.23}$$

例 1.3 说明，当仪表的精度等级选定时，所选仪表的测量上限越接近被测量的值，则测量的相对误差值越小。

例 1.4 欲测量约 90V 的电压，实验室现有 0.5 级 0.300V 和 1.0 级 0.100V 的电压表。问选用哪一种电压表进行测量更好？

解：用 0.5 级 0～300V 的电压表测量 90V 的相对误差为：

$$\gamma_{m0.5} = a_1\% \times \frac{U_n}{U} = 0.5\% \times \frac{300}{90} = 1.7\% \tag{1.24}$$

用 1.0 级 0.100V 的电压表测量 90V 的相对误差为：

$$\gamma_{m1.0} = a_2\% \times \frac{U_n}{U} = 1.0\% \times \frac{100}{90} = 1.1\% \tag{1.25}$$

例 1.4 说明，如果选择得当，用量程范围适当的 1.0 级仪表进行测量，能得到比用量程范围大的 0.5 级仪表更准确的结果。因此，在选用仪表时，应根据被测量值的大小，在满足被测量数值范围的前提下，尽可能选择量程小的仪表，并使测量值大于所选仪表满刻度的 2/3，即 $X > 2X_n/3$。这样就可以达到满足测量误差要求，又可以选择精度等级较低的测量仪表，从而降低仪表的成本。

3. 知识链接

1) 测量基本概念

测量是以确定量值为目的的一系列操作。所以测量也就是将被测量与同种性质的标准量进行比较，确定被测量对标准量的倍数。由测量所获得的被测的量值叫测量结果。测量结果可用一定的数值表示，也可以用一条曲线或某种图形表示。但无论其表现形式如何，测量结果应包括三部分：大小、符号(正或负)、单位。

在工程上，所要测量的参数大多数为非电量，这促使人们用电测的方法来研究非电量，即研究用电测的方法测量非电量的仪器仪表，研究如何能正确和快速地测得非电量的技术。

2) 测量方法

实现被测量与标准量比较得出比值的方法，称为测量方法。对于测量方法，从不同角度，有不同的分类方法。

根据获得测量值的方法可分为直接测量、间接测量和组合测量。

根据测量的精度因素情况可分为等精度测量与非等精度测量。

根据测量方式可分为偏差式测量、零位法测量与微差法测量。

(1) 直接测量、间接测量与组合测量

直接测量：在使用仪表或传感器进行测量时，对仪表读数不需要经过任何运算就能直接表示测量所需要的结果的测量方法称为直接测量。直接测量的优点是测量过程简单而又迅速，但是测量精度不够高。例如，用磁电式电流表测量电路的某一支路电流，用弹簧管压力表测量压力等，都属于直接测量。

间接测量：在使用仪表或传感器进行测量时，首先对与测量有确定函数关系的几个量进行测量，将被测量代入函数关系式，经过计算得到所需要的结果，这种测量称为间接测量。例如，通过影子测量旗杆的高度；通过测量电流 I 和电阻 R 来测量电压值。间接测量测量手续较多，花费时间较长，一般用在直接测量不方便或者缺乏直接测量手段的场合。

组合测量：若被测量必须经过求解联立方程组，才能得到最后结果，则称这样的测量为组合测量。例如，通过测量串联后电阻和 R_1+R_2、并联后电阻和 $R_1\times R_2/(R_1+R_2)$，来计算得到 R_1、R_2。组合测量是一种特殊的精密测量方法，操作手续复杂，花费时间长，多用于科学实验或特殊场合。

(2) 等精度测量与不等精度测量

用相同仪表与测量方法对同一被测量进行多次重复测量，称为等精度测量。

用不同精度的仪表或不同的测量方法，或在环境条件相差很大时对同一被测量进行多次重复测量称为非等精度测量。

(3) 偏差式测量、零位式测量与微差式测量

用仪表指针的位移(即偏差)决定被测量的量值，这种测量方法称为偏差式测量。应用这种方法测量时，仪表刻度事先用标准器具标定。在测量时，输入被测量，按照仪表指针在标尺上的示值，决定被测量的数值。这种方法测量过程比较简单、迅速，但测量结果精度较低。

用指零仪表的零位指示检测测量系统的平衡状态，在测量系统平衡时，用已知的标准量决定被测量的量值，这种测量方法称为零位式测量。在测量时，已知标准量直接与被测量相比较，已知量应连续可调，指零仪表指零时，被测量与已知标准量相等，例如，天平、电位差计等。零位式测量的优点是可以获得比较高的测量精度，但测量过程比较复杂，费时较长，不适用于测量迅速变化的信号。

微差式测量是综合了偏差式测量与零位式测量的优点而提出的一种测量方法。它将被测量与已知的标准量相比较，取得差值后，再用偏差法测得此差值。应用这种方法测量时，不需要调整标准量，而只需测量两者的差值。微差式测量的优点是反应快，而且测量精度高，特别适用于在线控制参数的测量。

3) 测量真值

测量的目的就是为了最接近地求取真值，下面介绍真值概念和一般情况下真值的确定方法。

真值是待测物理量客观存在的确定值，也称理论值或定义值。通常真值是无法测得的。若测量的次数无限多时，根据误差的分布定律，正负误差的出现几率相等。再经过细致地

消除系统误差,将测量值加以平均,可以获得非常接近于真值的数值。但是实际上测量的次数总是有限的。用有限测量值求得的平均值只能是近似真值,常用的平均值有下列几种。

(1) 算术平均值

算术平均值是最常见的一种平均值。

设 x_1、x_2、…、x_n 为各次测量值,n 代表测量次数,则算术平均值为:

$$\bar{x}=\frac{x_1+x_2+\cdots+x_n}{n}=\frac{\sum_{i=1}^{n}x_i}{n} \tag{1.26}$$

(2) 几何平均值

几何平均值是将一组 n 个测量值连乘并开 n 次方求得的平均值。即

$$\bar{x}_{几}=\sqrt[n]{x_1\cdot x_2\cdot\cdots\cdot x_n} \tag{1.27}$$

(3) 均方根平均值

$$\bar{x}_{均}=\sqrt{\frac{x_1^2+x_2^2+\cdots+x_n^2}{n}}=\sqrt{\frac{\sum_{i=1}^{n}x_i^2}{n}} \tag{1.28}$$

4) 误差分类

误差产生的原因多种多样,根据误差的性质和产生的原因,一般分为以下三类。

(1) 系统误差

系统误差是指在测量和实验中未发觉或未确认的因素所引起的误差,而这些因素影响结果永远朝一个方向偏移,其大小及符号在同一组实验测定中完全相同,当实验条件一经确定,系统误差就获得一个客观上的恒定值。

当改变实验条件时,就能发现系统误差的变化规律。

系统误差产生的原因:测量仪器不良,如刻度不准,仪表零点未校正或标准表本身存在偏差等;周围环境的改变,如温度、压力、湿度等偏离校准值;实验人员的习惯和偏向,如读数偏高或偏低等引起的误差。针对仪器的缺点、外界条件变化影响的大小、个人的偏向,待分别加以校正后,系统误差是可以清除的。

(2) 随机误差

在已消除系统误差的一切量值的观测中,所测数据仍在末一位或末两位数字上有差别,而且它们的绝对值和符号的变化,时而大时而小,时正时负,没有确定的规律,这类误差称为偶然误差或随机误差。随机误差产生的原因不明,因而无法控制和补偿。但是,倘若对某一量值作足够多次的等精度测量后,就会发现偶然误差完全服从统计规律,误差的大小或正负的出现完全由概率决定。因此,随着测量次数的增加,随机误差的算术平均值趋近于零,所以多次测量结果的算数平均值将更接近于真值。

(3) 粗大误差

粗大误差是一种显然与事实不符的误差,它往往是由于实验人员粗心大意、过度疲劳和操作不正确等原因引起的。此类误差无规则可寻,只要加强责任感、多方警惕、细心操作,过失误差是可以避免的。

四、项目总结

通过本项目的学习，应掌握如下知识重点：①测量的基本概念；②测量误差的分类及表示方法；③传感器的精度等级。

通过本项目的学习，应掌握如下实践技能：①能根据测量结果计算各误差；②能根据要求选择精度符合要求的测量仪表。

项目3　传感器接口电路

一、项目目标

掌握传感器常用接口电路，会为传感器选择合适的接口电路。

二、项目分析

接口电路是传感器与处理器之间的桥梁，选择合适的接口电路，才能将信号有效地传输给后级电路处理。

三、项目实施

1. 接口电路

传感器接口电路完成传感器输出电信号的处理，是传感器与后续电路的连接环节，其性能直接影响到整个系统。

根据传感器输出信号的不同特点，要采取不同的处理方法。传感器输出信号的处理主要由接口电路来完成，典型的接口电路主要有以下几种。

1）放大电路

传感器输出信号一般比较微弱，因此在大多数情况下需要使用放大电路。放大电路主要将传感器输出的微弱的直流信号或交流信号放大到合适的程度。放大电路一般采用运算放大器构成。

（1）反相放大器

输入电压加到运算放大器的反相输入端，输出电压经 R_F 反馈到反相输入端。反相放大器的基本电路图如图 1.14 所示。

输出电压为：

$$U_O = -U_I \times (R_F/R_I) \tag{1.29}$$

反相放大器的放大倍数取决于 R_F 与 R_I 的比值，负号表示输出电压与输入电压反相。该放大电路应用广泛。

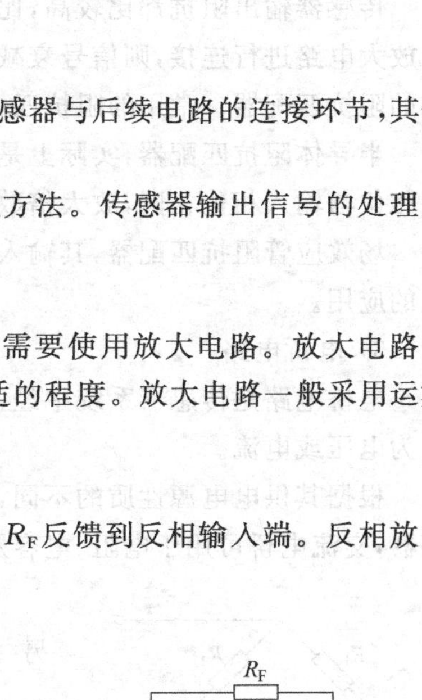

图 1.14　反相放大器的基本电路

（2）同相放大器

输入电压加到运算放大器的同相输入端，输出电压

经 R_F 反馈到反相输入端。同相放大器的基本电路如图 1.15 所示。

输出电压为：

$$U_O = (1 + R_F/R_I) \times U_I \tag{1.30}$$

同相放大器的放大倍数取决于 R_F 与 R_I 的比值，输出电压与输入电压同相。

(3) 差动放大器

两个输入信号分别加到运算放大器的同相输入端和反相输入端，输出电压经 R_F 反馈到反相输入端。差动放大器的基本电路图如图 1.16 所示。

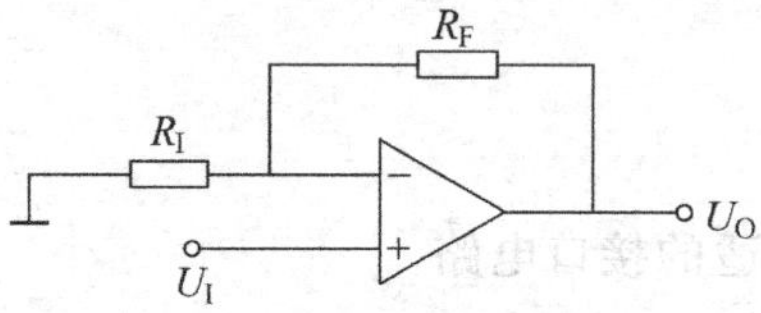

图 1.15　同相放大器的基本电路

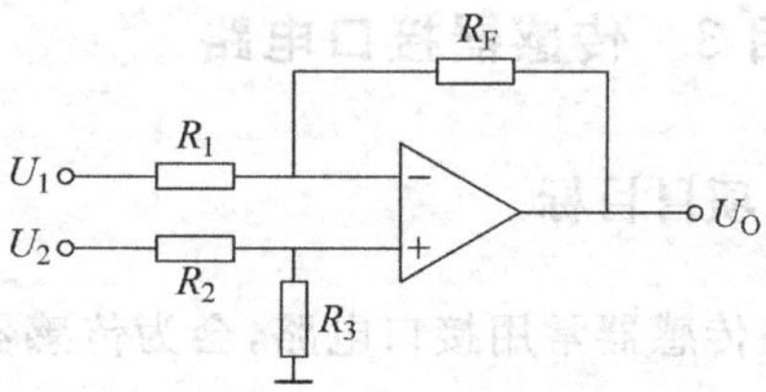

图 1.16　差动放大器的基本电路图

若 $R_1 = R_2$，$R_3 = R_F$，则输出电压为：

$$U_O = R_F/R_I \times (U_2 - U_1) \tag{1.31}$$

差动放大器的优点是抑制共模信号的能力和抗干扰能力强。

2) 阻抗匹配器

传感器输出阻抗都比较高，比一般电压放大电路的输入阻抗要大得多，若将传感器直接与放大电路进行连接，则信号衰减很大，甚至不能正常工作。常常使用高输入阻抗低输出阻抗的阻抗匹配器。常用的阻抗匹配器是半导体阻抗匹配器、场效应管阻抗匹配器。

半导体阻抗匹配器，实际上是共集电极放大电路，又称为射极输出器。射极输出器的输出相位与输入相位相同，放大倍数略小于 1，输入阻抗高，输出阻抗低。

场效应管阻抗匹配器，其输入阻抗高达 $10^{12}\,\Omega$ 以上，而且其结构简单、体积小，得到了广泛的应用。

3) 电桥电路

电桥电路是传感器系统中经常使用的转换电路，主要用来把电阻、电容、电感的变化转换为电压或电流。

根据其供电电源性质的不同，可分为直流电桥、交流电桥。直流电桥主要用于电阻式传感器，交流电桥可用于电阻、电容及电感式传感器。电桥的基本电路图如图 1.17 所示。

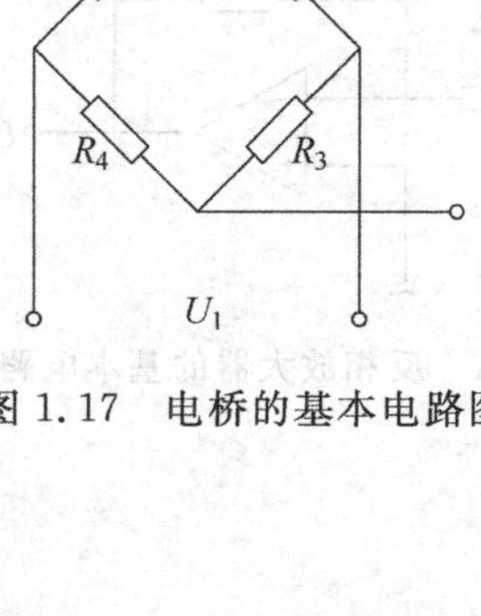

图 1.17　电桥的基本电路图

电阻构成电桥电路的桥臂，桥路的一对角线接工作电源，另一对角线是输出端。电桥的输出电压为：

$$U_O = \frac{R_2R_4 - R_1R_3}{(R_1 + R_2)(R_3 + R_4)} U_I \tag{1.32}$$

当电桥的输出电压为 0 时，电桥平衡，由此可知电桥的平衡条件为 $R_1R_3 = R_2R_4$。

当电桥的 4 个桥臂的阻抗由于被测量引起变化时，电桥平衡被打破，此时电桥的输出与被测量有直接对应关系。

2. 知识链接

1）传感器输出信号的特点

由于传感器种类繁多，其输出信号也各不相同。所以了解传感器输出信号的特点对于接口电路尤其重要。传感器接口电路的特点主要表现为：

（1）传感器输出信号微弱，不易于检测。

（2）传感器的输出阻抗较高，会产生较大的信号衰减。

（3）传感器输出信号动态范围宽，输出信号会受到环境因素的影响，影响到测量的精度。

2）抗干扰技术

在实际检测系统中，传感器的工作环境是比较复杂和恶劣的，它的输出信号微弱，并且与电路之间的连接具有一定的距离，这时传送信号的电缆电阻和传感器的内阻以及放大电路等产生的干扰，再加上环境噪声，周围磁场、电厂都会对电路造成干扰，影响其正常工作。

干扰又称噪声，是传感器系统中混入的无用信号。主要分为内部噪声和外部噪声，内部噪声是由传感器内部元件所产生的；外部噪声是由外部人为因素或自然干扰产生的。而把消除或削弱各种干扰的方法，称为抗干扰技术。

为了保证传感器电路能最精确地工作，必须削弱或防止干扰的影响，下面介绍几种常见的抗干扰技术。

（1）屏蔽技术

利用低电阻材料制成容器状，将需要防护的部分包起来，割断电场、磁场的耦合通道，防止静电或电磁的相互感应。主要有静电屏蔽、电磁屏蔽、磁屏蔽、驱动屏蔽等。

（2）接地技术

接地是保证安全的一种方法，一般情况下，接地技术是与屏蔽相关联的，如果接地不当，可能会引起更大的干扰。

接地主要有信号接地、负载接地。在强电技术中，一般将设备外壳和电网零线接大地；弱电技术中，把电信号的基准电位点称为“地”，依据“一点接地”原则，将电路中不同的地线接入同一点。

（3）优质元件

选用质量好的元器件。

（4）浮置

浮置又称浮空，是指电路的公共线不接机壳也不接大地的一种抗干扰技术。

（5）滤波

滤除无用的频率信号。分为低通滤波器、高通滤波器、带通滤波器、带阻滤波器。

四、项目总结

通过本项目的学习，应掌握如下知识重点：①传感器输出信号的特点；②常见的传感器接口电路；③接口电路中干扰及抑制方法。

通过本项目的学习,应掌握如下实践技能:①会设计常见接口电路的原理;②能制作与调试常见的接口电路。

阅读材料1 传感器的发展

科学技术的发展使得人们对传感器技术越来越重视,认识到它是影响人们生活水平的重要因素之一。随着世界各国现代化步伐的加快,对检测技术的要求也越来越高,因此对传感器的开发成为目前最热门的研究课题之一。而科学技术,尤其是大规模集成电路技术、微型计算机技术、机电一体化技术、微机械和新材料技术的不断进步,则大大促进了现代检测技术的发展。传感器技术发展趋势可以从以下几方面来看。一是开发新材料、新工艺和开发新型传感器;二是实现传感器的多功能、高精度、集成化和智能化;三是通过传感器与其他学科的交叉整合,实现无线网络化。

1. 向高精度发展

随着自动化生产程度的不断提高,对传感器的要求也在不断提高,必须研制出具有灵敏度高、精确度高、响应速度快、互换性好的新型传感器,以确保生产自动化的可靠性。目前能生产万分之一以上精度的传感器的厂家为数很少,其产量也远远不能满足要求。

2. 向可靠性、宽温度范围发展

传感器的可靠性直接影响到电子设备的抗干扰等性能,研制高可靠性、宽温度范围的传感器将是永久性的方向,提高温度范围历来是大课题,大部分传感器的工作范围在20~70℃,在军用系统中要求工作温度在−40~85℃范围,而汽车、锅炉等场合对传感器的温度要求更高,因此发展新型材料的传感器将很有前途。

3. 向微型化发展

各种控制仪器设备的功能越来越强大,要求各个部件体积能占位置越小越好,因而传感器本身体积也是越小越好,这就要求发展新的材料及加工技术。目前,利用硅材料制作的传感器体积已经很小,如传统的加速度传感器是由重力块和弹簧等制成的,体积较大、稳定性差、寿命也短,而利用激光等各种微细加工技术制成的硅加速度传感器体积非常小,互换性、可靠性都较好。

4. 向微功耗及无源化发展

传感器一般都是非电量向电量的转化,工作时离不开电源,在野外现场或远离电网的地方,往往是用电池供电或用太阳能等供电。开发微功耗的传感器及无源传感器是必然的发展方向,这样既可以节省能源又可以提高系统寿命。目前,低功耗损的芯片发展很快,如T12702运算放大器静态功耗只有1.5A,而工作电压只需2~5V。

5. 向智能化数字化发展

随着现代化的发展,传感器的功能已突破传统的功能,其输出不再是一个单一的模拟信号,如0~10mV,而是经过微计算机处理好后的数字信号,有的甚至带有控制功能,这就是通常所说的数字传感器。

阅读材料2　中国传感器发展前景

当前，我国传感器产业正处于由传统型向新型传感器发展的关键阶段，它体现了新型传感器向微型化、多功能化、数字化、智能化、系统化和网络化发展的总趋势。我国在传感器生产产业化过程中，应该兼顾引进国外技术和自主创新两方面。在引进国外先进技术时，可以提高自己的技术，同时也满足了国内市场的需求，形成了传感器生产产业规模。今后国内传感器产业和市场发展前景归纳起来，主要特点是：

(1) 加速形成从传感器研究开发到大生产一条龙产业化发展模式，走自主创新和国际合作相结合的跨越式发展道路，使我国尽早进入世界传感器的主要生产国之列。

(2) 传感器产品结构向全面、协调、持续性发展。根据市场需求，既要切实加强新型传感器的开发，又要做好传统传感器的质量升级和产量增长；产品品种向投资类倾斜，尤其是填补“空白”的品种，从而使传感器各门类和品种比例适当，形成一种“新旧交替、远近结合、品种齐全、满足需求”的新的产品结构。

(3) 企业生产(年生产能力)向规模经济或适宜规模经济发展。大生产技术的实践表明：规模经济出效益。考虑到今后先进生产技术的使用和市场的扩大，量大面广的通用传感器的生产规模将以年产亿只计，一些中档传感器的生产规模将以年产1000万只计；而一些高档传感器和专用传感器的生产规模将以年产几十万至几百万只计。实现规模经济生产后，可最大限度地降低生产成本，从而实现廉价传感器的商品化。

(4) 生产格局向专业化发展，专业化生产的内涵为：生产传感器门类少而精；专门生产某一应用领域需要的某一类传感器系列产品以获得较高的市场占有率；各传感器企业的专业化合作生产，能有效地避免企业内部的“大而全”，提高经济效益。

(5) 传感器大生产技术向自动化方向发展。传感器的门类、品种繁多，所用的敏感材料各异，决定了传感器制造技术的多样性和复杂性。纵观当前传感器工艺线(含各类传感器引进线)的概况，生产技术水平不一，多数工艺已实现单机自动化，但距离生产过程自动化尚存在诸多困难，其中封装工艺和测试标定(两者的费用约占产品成本的30%～50%)是传感器自动化大生产的关键技术，有待今后广泛采用CAD(计算机辅助设计)、CAM(计算机辅助制造)及先进的自动化装备和工业机器人进行突破。

(6) 企业的重点技术改造应加强从依赖引进技术向引进技术的消化吸收与自主创新的方向转移。自主创新应视为企业的立足之本。

(7) 企业经营要加快从以国内市场为主向国内与国外两个市场相结合的国际化方向发展。

(8) 企业结构将向“大、中、小并举”、“集团化、专业化生产共存”的格局发展。集团化大公司(含在境外的跨国集团公司)将越来越显示出它的垄断作用，而专业化生产的中、小企业因其能适应市场小量产品的需求，仍有其生存、发展的空间。

阅读材料 3　传感器国家标准

国家质量监督检验检疫总局、国家标准化管理委员会近日以 2012 年第 28 号公告批准发布了 362 项国家标准，由沈阳仪表科学研究院（沈阳仪表院）起草的 4 项传感器标准获得批准发布，并将于 2013 年 2 月 15 日实施。4 项国标为：GB/T 28854—2012《硅电容式压力传感器》、GB/T 28855—2012《硅基压力传感器》、GB/T 28856—2012《硅压阻式压力敏感芯片》、GB/T 28857—2012《直流差动变压器式位移传感器》。

传感器作为沈阳仪表院的主导产品，做到了科研、生产及标准化同步进行。在标准的编制过程中，4 位主编张治国、徐淑霞、唐慧、李永清，克服科研、生产任务重的困难，经常利用业余时间修改标准，还同检测中心沟通产品的试验方法，为 4 个标准的顺利完成付出了心血。传感器技术国标实施，将促进传感器产业转型和升级。

沈阳仪表科学研究院始建于 1961 年 5 月 5 日，原名为沈阳仪器仪表工艺研究所，原隶属于机械工业部。1999 年 7 月 1 日改制为企业，现隶属于中国机械工业集团有限公司。自 2003 年以来，先后重组了杭州照相机械研究所、秦皇岛视听机械研究所、沈阳真空技术研究所，被中国机械工业集团公司确定为“核心业务企业”。

设有 1 个国家级工程中心，即传感器国家工程研究中心；3 个国家级质检中心，分别为国家仪器仪表元器件质量监督检验中心、国家照相机质量监督检验中心和国家真空设备质量监督检验中心；1 个部级质检中心，即机械工业电影机械与电化教育设备产品质量监督检测中心；4 个标准化技术委员会，分别为机械工业仪器仪表元器件标准化技术委员会、国家照相机械标准化技术委员会、机械工业电影和电教机械标准化技术委员会、中国真空技术标准化技术委员会。中国仪器仪表学会仪表元件分会、仪表工艺分会，中国仪器仪表行业协会传感器分会均挂靠在该院。

复习与训练

一、填空

1. 随机误差的概率分布一般是(　　)分布。
2. 按测量方式分类有(　　)、零位式测量和微差式测量。
3. 测量误差的表示方法有绝对误差和(　　)。
4. 传感器的引用误差值等于(　　)与量程之比。
5. 仪表的精度等级是最大绝对允许误差除以(　　)乘以 100%。
6. 按获得测量结果的方法分类有直接测量、(　　)、组合测量。
7. 按出现的规律，误差可分为系统误差、(　　)、粗大误差。
8. 传感器输入量一般是(　　)量，转换成的输出量是电量。
9. 精确度是(　　)度和准确度的总和。

10. (　　)是检测系统静态特性的一个基本参数，其定义是输出量增量与引起该增量的输入量增量之比。

11. 传感器中测量电路对某干扰的补偿结果是使测量电路的输出(　　)。

12. 量程的数值等于被测量的上限值与(　　)之差。

13. 为了使用目的所采用的接近真值的值代替真值，它与真值误差可忽略不计，这样的值称为(　　)。

14. 当测试系统的输入和输出有不同的量纲时，其量纲可用输入量纲与(　　)之比来表示。

15. 为了使用的方便，常常需要对曲线进行线性化，把线性化得到的直线称为理想直线。定度曲线和理想直线的最大偏差与测量系统标称全量程输出范围之比称为测试系统的(　　)。

二、判断

1. 精度等级为 0.5 级的仪表与精度等级为 1.0 级的仪表相比，前者的精度等级更高。(　　)

2. 绝对误差是有正负号的量。(　　)

3. 在工程测试中常以 3σ 这个参数来表示测量精度，称为极限误差。(　　)

4. 绝对误差是有单位的量。(　　)

5. 绝对误差通常可以说明测量质量的好坏。(　　)

三、计算

1. 测量某一质量 $G_1=50\text{g}$，误差为 $\delta_1=2\text{g}$，测量另一质量 $G_2=2\text{kg}$，误差为 $\delta_2=50\text{g}$，问哪一次的测量效果好？

2. 某一温度传感器的精度为 0.2%F.S，标准电压输出范围是 1～5V。

求：(1) 可能出现的最大误差 Δ_{max}(以电压 V 计算)。

(2) 传感器使用在满量程的 1/2 和 1/4 时，分别计算产生的相对误差 γ_1 和 γ_2。

(3) 根据计算的结果，阐述减小测量的相对误差有哪些方法。

3. 现有 A 温度表量程为 0～600℃，精度等级为 2.5；B 温度表量程为 0～400℃，精度等级为 0.01。问上述哪只表能检定一台精度等级为 1.0 级，量程为 0～100℃的温度表？

四、简答

1. 传感器接口电路的作用是什么？

2. 常见接口电路有哪些？功能怎样？

3. 通过网络了解传感器的基本知识、应用和发展趋势。

模块 2　温度传感器的应用

引入项目

概述

温度是衡量物质冷热程度的物理量，是工农业生产实际中经常需要测试的参数，应用非常广泛，尤其是在冶金、石化、塑料、发酵、孵化等行业温度是影响生产成败和产品质量的重要工艺参数，是测量和控制的重点内容。有些电子产品还需对它们自身的温度进行测量，如计算机要监控 CPU 的温度，马达控制器要知道功率驱动 IC 的温度等。

能够把温度的变化转化为电量变化的传感器称为温度传感器。用来测量温度的传感器种类很多，常用的有热敏电阻、热电偶、PN 结、热电偶以及为简化测量电路而开发的集成温度传感器。

衡量温度高低的尺度称为“温度标尺”，简称温标，它规定了温度的零点和基本测量单位。目前国际上使用较多的温标是：热力学温标和摄氏温标。热力学温标的单位是 K，摄氏温标的单位是℃，两者的关系是：0℃ ≈ 273.2K。

模块结构

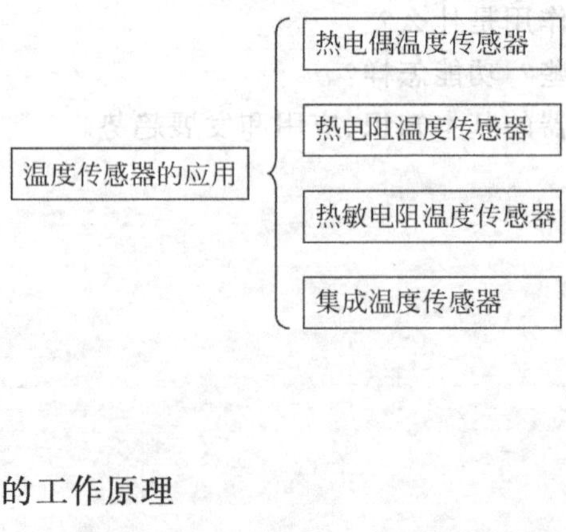

预备知识

- 国际温标
- 热电偶温度传感器的工作原理

- 热电阻温度传感器的工作原理
- 热敏电阻温度传感器的工作原理
- 集成温度传感器的工作原理

项目 1　热电偶在温度测量中的应用

一、项目目标

制作一指针式温度表，以热电偶为传感器，测温范围 10～30℃。

通过热电偶测温电路的制作和调试，掌握热电偶温度传感器的特性、电路原理和调试技能。

二、项目分析

热电偶是温度测量仪表中常用的测温元件，它直接测量温度，并把温度信号转换成热电动势信号，通过电气仪表(二次仪表)转换成被测介质的温度。各种热电偶的外形常因需要而不相同，但是它们的基本结构却大致相同，通常由热电极、绝缘套保护管和接线盒等主要部分组成，通常和显示仪表、记录仪表及电子调节器配套使用。

三、项目实施

热电偶测温电路图如图 2.1 所示。

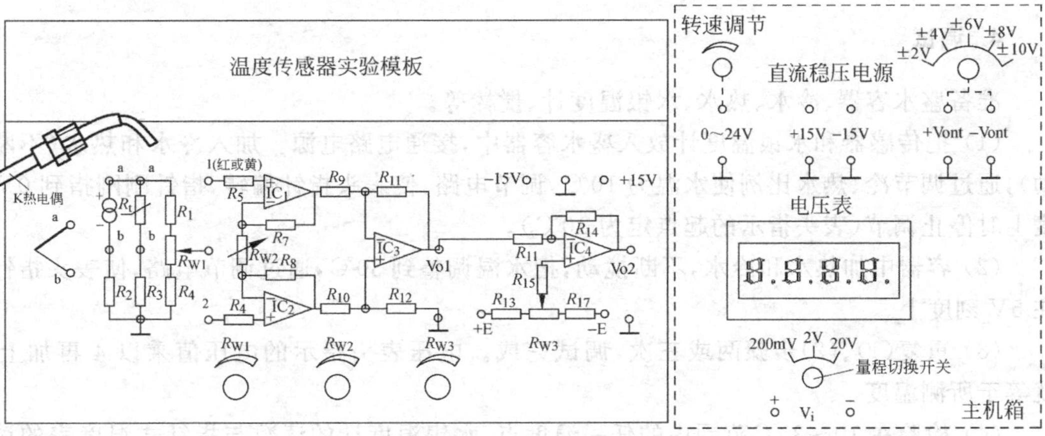

图 2.1　热电偶测温电路图

1. 电路原理

1821 年，德国物理学家赛贝克发现和证明了两种不同材料的导体 A 和 B 组成的闭合回路，当两个结点温度不相同时，回路中将产生电动势。这种物理现象称为热电效应。热电偶测温原理就是利用热电效应。

热电偶就是将 A 和 B 两种不同金属材料的一端焊接而成。A 和 B 称为热电极，焊接的一端是接触热场的 T 端称为工作端或测量端，也称热端；未焊接的一端处在温度 T_0 称为自由端或参考端，也称冷端(接引线用来连接测量仪表的两根导线 C 是同样的材料，可以与 A

和B不同种材料),热电偶测温原理示意图如图2.2所示。

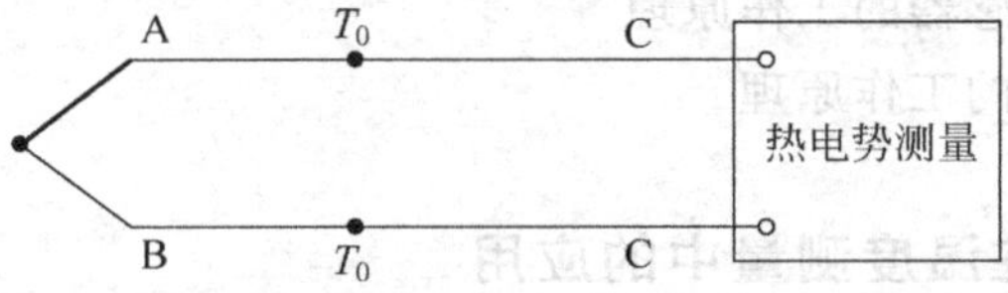

图2.2　热电偶测温原理示意图

T与T_0的温差愈大,热电偶的输出电动势愈大;温差为0时,热电偶的输出电动势为0;因此,可以用测热电动势大小衡量温度的大小。国际上,将热电偶的A、B热电极材料不同分成若干分度号,如常用的K(镍铬.镍硅或镍铝)、E(镍铬.康铜)、T(铜.康铜)等,并且有相应的分度表即参考端温度为0℃时的测量端温度与热电动势的对应关系表;可以通过测量热电偶输出的热电动势值再查分度表得到相应的温度值。热电偶一般应用在冶金、化工和炼油行业,用于测量、控制较高的温度。

2. 所需材料及设备

K热电偶温度传感器、集成运算放大器、直流稳压电源、实验板、电压表、水银温度计、盛水容器。

3. 电路制作

按图2.1将电路焊接在实验板上,认真检查电路,正确无误后接好热电偶和电压表。

4. 调试

准备盛水容器、冷水、热水、水银温度计、搅棒等。

(1) 把传感器和水银温度计放入盛水容器中,接通电路电源。加入冷水和热水(不断搅动),通过调节冷、热水比例使水温为10℃,调节电路,使表头指针偏转,指针刚刚指到0V刻度上时停止调节(表头指示的起点定为10℃)。

(2) 容器中加热水和冷水,不断搅动,把水温调整到30℃,通过调节电路,使表头指针指在5V刻度上。

(3) 重复(1)、(2)步骤两或三次,调试完成。电压表头指示的电压值乘以4再加上10就等于所测温度。

(4) 检验在10~30℃范围内的任一温度点,水银温度计的读数与指针式温度表的读数是否一致。

特别提示:

调试过程中要不断搅动,确保传感器与水银温度计感受同一温度,同时要等水银温度计的读数稳定后再调试电路。

5. 知识链接

热电偶是工程上应用最广泛的温度传感器。它构造简单,使用方便,具有较高的准确度、稳定性及复现性，温度测量范围宽，在温度测量中占有重要的地位。

1）基本结构

两种不同的金属A和B构成的闭合回路，如果将它们的两个接点中的一个进行加热，使其温度为T，而另一点置于室温T_0中，则在回路中会产生热电势，这一现象称为热电效应。热电效应于1821年由德国物理学家赛贝克发现，又称“赛贝克效应”。

通常把两种不同金属的这种组合叫作热电偶，A、B叫作热电极，温度高的接点叫作热端或工作端，而温度低的接点叫作冷端或自由端。热电偶结构示意图如图2.3所示。

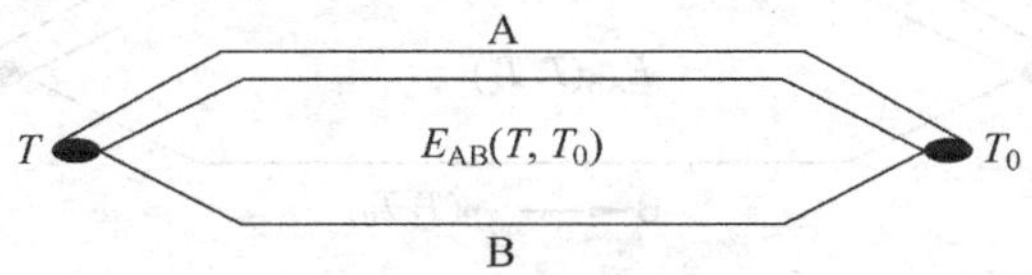

图2.3 热电偶结构示意图

2）工作原理

热电效应产生的热电势是由接触电势和温差电势两部分组成。

接触电势是由于两种不同导体的自由电子密度不同而在接触处形成的电势。该电场将阻碍扩散作用的进一步发生，同时引起反方向的电子转移。扩散和反扩散形成矛盾运动。上述过程的发展，直到扩散作用和阻碍其扩散的作用的效果相同时，也即由金属A扩散到金属B的自由电子与金属B扩散到金属A的自由电子（形成漂移电流）相等时，该过程便处于动态平衡。在这种动态平衡状态下，A和B两金属之间便产生一定的接触电势，该接触电势的数值取决于两种不同导体的性质和接触点的温度，接触电势示意图如图2.4所示。

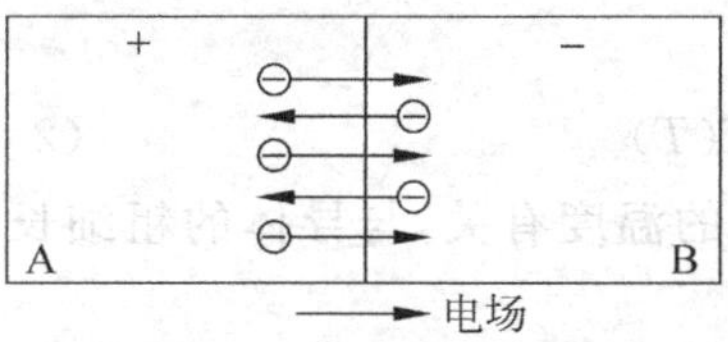

图2.4 接触电势示意图

两接点的接触电势$e_{AB}(T)$可表示为：

$$e_{AB}(T)=\frac{kT}{e}\ln\frac{N_A}{N_B} \tag{2.1}$$

式中，k——玻耳兹曼常数（$k=1.38\times10^{-23}$ J/K）；

T——接触面的绝对温度；

e——单位电荷量（$e=1.6\times10^{-19}$ C）；

N_A——金属电极A的自由电子密度；

N_B——金属电极B的自由电子密度。

温差电势是同一导体的两端因其温度不同而产生的一种电势。同一导体的两端温度不同时，高温端的电子能量要比低温端的电子能量大，因而从高温端跑到低温端的电子数比从低温端跑到高温端的要多，结果高温端因失去电子而带正电，低温端因获得多余的电子而带负电，因此，在导体两端便形成温差电势，温差电势示意图如图2.5所示。

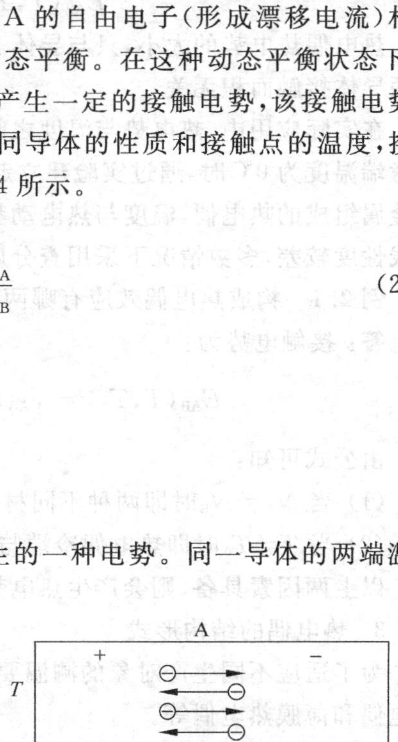

图2.5 温差电势示意图

同一导体温差电势大小可表示为：

$$e_A(T,T_0)=\int_{T_0}^{T}\delta \mathrm{d}T \tag{2.2}$$

式中，δ——汤姆逊系数，它表示温度为1℃时所产生的电动势值，它与材料的性质有关。例如在0℃时，铜的$\delta=2\mu V/℃$。

综上所述，在由两种不同金属组成的闭合回路中，当两端点的温度不同时，回路中产生的总热电势等于上述电位差的代数和，如图2.6所示。

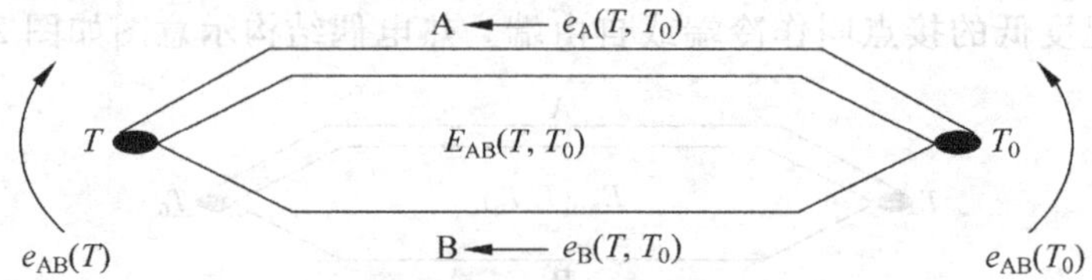

图2.6　总热电势示意图

在总热电势中，温差电势比接触电势小很多，可忽略不计，热电偶的热电势可表示为：

$$E_{AB}(T,T_0)=e_{AB}(T)-e_{AB}(T_0)=\frac{k}{e}(T-T_0)\ln\frac{N_A}{N_B} \tag{2.3}$$

对于已选定的热电偶，当参考端温度恒定时，$e_{AB}(T_0)=C$为常数，则总的热电动势就只与温度T成单值函数关系，因此就可以用测量到的热电势$E_{AB}(T,T_0)$来得到对应的温度值T，即：

$$E_{AB}(T,T_0)=e_{AB}(T)-c=f(T) \tag{2.4}$$

热电偶热电势的大小，只与导体A、B的材料及冷热端的温度有关，与导体的粗细长短及两导体接触面积无关。

在实际应用中，热电势与温度之间的关系是通过热电偶分度表来确定的。分度表是在参考端温度为0℃时，通过实验建立起来的热电势与工作端温度之间的数值对应关系。不同金属组成的热电偶，温度与热电动势之间有不同的函数关系，即有不同的分度表。热电偶的线性度较差，多数情况下采用查分度表的方法获得被测温度值。

例2.1　构成热电偶效应有哪两个因素？用接触电势公式说明。

答：接触电势为：

$$E_{AB}(T,T_0)=e_{AB}(T)-e_{AB}(T_0)=\frac{k}{e}(T-T_0)\ln\frac{N_A}{N_B} \tag{2.5}$$

由公式可知：

(1) 当$N_A\neq N_B$时即两种不同材料的导体。

(2) 当$T\neq T_0$时即热电偶冷端与热端存在温差。

以上两因素具备，则会产生热电势。

3) 热电偶的结构形式

为了适应不同生产对象的测温要求和条件，热电偶的结构形式有普通型热电偶、铠装型热电偶和薄膜热电偶等。

普通型结构热电偶工业上使用最多，它一般由热电极、绝缘套管、保护管和接线盒组成。

铠装热电偶又称套管热电偶。它是由热电偶丝、绝缘材料和金属套管三者经拉伸加工而成的坚实组合体。

薄膜热电偶是由两种薄膜热电极材料，用真空蒸镀、化学涂层等办法蒸镀到绝缘基板上面制成的一种特殊热电偶。

4）热电偶的基本定律

（1）中间导体定律

利用热电偶进行测温，必须在回路中引入连接导线和仪表，接入导线和仪表后会不会影响回路中的热电势呢？中间导体定律说明，在热电偶测温回路内，接入第三种导体，只要其两端温度相同，则对回路的总热电势没有影响。回路中接入第三种导体示意图如图 2.7 所示。

由于温差电势可忽略不计，则回路中的总热电势等于各接点的接触电势之和，即：

$$E_{ABC}(T,T_0) = e_{AB}(T) + e_{BC}(T_0) + e_{CA}(T_0) \tag{2.6}$$

当 $T=T_0$ 时，有：

$$e_{BC}(T_0) + e_{CA}(T_0) = -e_{AB}(T_0) \tag{2.7}$$

则

$$E_{ABC}(T,T_0) = e_{AB}(T) - e_{AB}(T_0) = E_{AB}(T,T_0) \tag{2.8}$$

中间温度定律的实用价值在于：加入第三种导体，甚至第四、第五种导体后，只要加入的导体两端温度相等，同样不影响回路中的总热电势。

（2）参考电极定律

当结点温度为 T，T_0时，用导体 A，B 组成的热电偶的热电动势等于 AC 热电偶和 CB 热电偶的热电动势的代数和，参考电极定律示意图如图 2.8 所示。

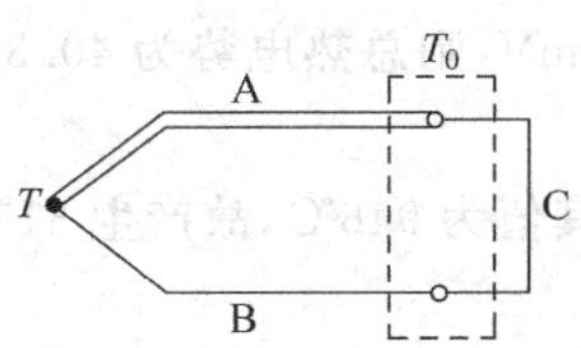

图 2.7 回路中接入第三种导体示意图

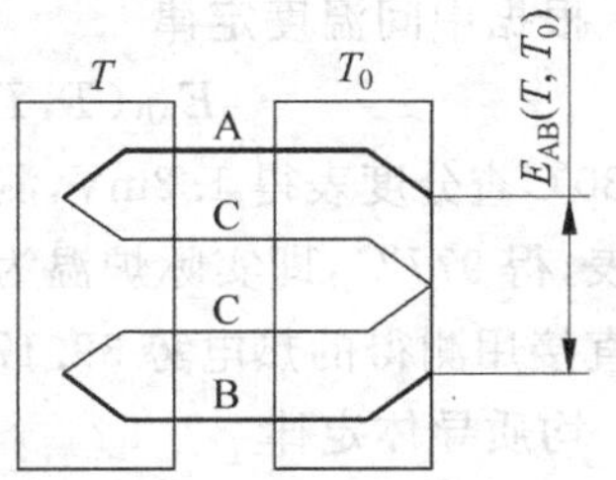

图 2.8 参考电极定律示意图

图中热电势代数和关系为：

$$E_{AB}(T,T_0) = E_{AC}(T,T_0) - E_{BC}(T,T_0) \tag{2.9}$$

在实际测温中，只要获得有关热电极与参考电极配对时的热电势值，那么任何两种热电极配对时的热电势均可按公式而无须再逐个去测定。

用作参考电极（标准电极）的材料，目前主要为纯铂丝材，因为铂的熔点高，易提纯，且在高温与常温时的物理、化学性能都比较稳定。

参考电极的实用价值在于：它可大大简化热电偶的选配工作。通常选用高纯铂丝作标准电极（即公式中的 C）。Pt 熔点高，易提炼，高温时物理化学性能稳定，只要测得它与各种金属组成的热电偶的热电动势，则各种金属间相互组合成热电偶的热电动势就可根据标准导体定律计算出来。

（3）中间温度定律

在热电偶回路中，两接点温度为 T，T_0时的热电势，等于该热电偶在接点 T、T_a 和 T_a、

T_0时的热电势之和，中间温度定律示意图如图 2.9 所示。

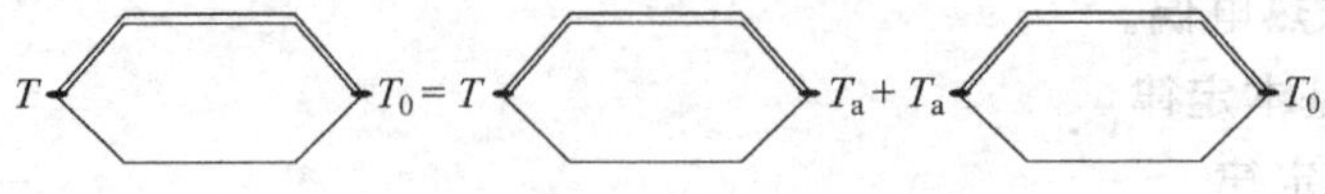

图 2.9　中间温度定律示意图

由图 2.9 可得：

$$E_{AB}(T,T_0) = E_{AB}(T,T_a) + E_{AB}(T_a,T_0) \tag{2.10}$$

中间温度定律的实用价值在于：只要给出自由端 0℃时的热电势和温度关系，就可求出冷端为任意温度 T_0的热电偶电动势。在实际热电偶测温回路中，利用热电偶这一性质，可对参考端温度不为 0℃的热电势进行修正。

例 2.2　什么是热电偶的分度表？列举几种常用的热电偶分度表。

答：分度表是在参考端温度为 0℃时，通过实验建立起来的热电势与工作端温度之间的数值对应关系。

S 型热电偶分度表(铂铑 10-铂)

B 型热电偶分度表(铂铑 30-铂铑 6)

K 型热电偶分度表(镍铬-镍硅)

E 型热电偶分度表(镍铬-铜镍)

例 2.3　用镍铬-镍硅热电偶测炉温，当冷端温度 $T_0 = 30$℃时，测得热电势为 39.17mV，则实际炉温是多少？

答：根据中间温度定律

$$E_{AB}(T,T_0) = E_{AB}(T,T_a) + E_{AB}(T_a,T_0) \tag{2.11}$$

由 30℃查分度表得 1.2mV，测得热电势为 39.17mV，则总热电势为 40.37mV，用 40.37 查分度表，得 977℃，即实际炉温为 977℃。

若直接用测得的热电势 39.17mV 查分度表，则其值为 946℃，故产生 31℃的测量误差。

(4) 均质导体定律

两种均质金属组成的热电偶，其电势大小与热电极的直径、长度、沿热电极长度上的温度分布无关，只与热电极的材料和两端温度有关。

当组成热电偶的两个导体 A 和 B 性能相同时，则无论接触点处温度如何，热电偶回路总电动势为零。

当热电偶两个接触点处的温度 T 和 T_0相等时，尽管组成热电偶的两导体 A 和 B 不同，热电偶回路总电动势为零。

5) 热电偶的温度补偿方法

热电偶的热电势的大小与热端温度有关，与冷端温度有关，只有当冷端温度恒定，才可通过测量热电势的大小得到热端温度。热电偶电路中最大的问题是冷端的问题，即如何选择测温的参考点。常采用的冷端补偿方式有三种：冰水保温瓶方式、冷端自动补偿方式、计算修正法、补正系数法。

(1) 冰水保温瓶方式

把热电偶的参比端置于冰水混合物容器里，使 $T_0 = 0$℃。为了避免冰水导电引起两个连接点短路，必须把连接点分别置于两个玻璃试管里，使相互绝缘。这种办法一般适合于科学实验中使用。

(2) 计算修正法

当冷端温度 T_n 不为 0℃但可以维持恒定不变时，采用计算修正法，依据的计算公式为

$$E_{AB}(T,T_0)=E_{AB}(T,T_n)+E_{AB}(T_n,T_0) \tag{2.12}$$

例 2.4 用铜.康铜热电偶测某一温度 T，参比端在室温环境 T_n 中，测得热电动势 $E_{AB}(T,T_n)=1.979\text{mV}$，又用室温计测出 $T_n=21℃$，查此种热电偶的分度表可知，$E_{AB}(21,0)=0.84\text{mV}$，故得

$$\begin{aligned}E_{AB}(T,0)&=E_{AB}(T,21)+E_{AB}(21,T_0)\\&=1.979+0.84=2.819(\text{mV})\end{aligned}$$

再次查分度表，与 2.819mV 对应的热端温度 $T=69℃$。

特别提示：

既不能只按 1.979mV 查表，认为 $T=49℃$，也不能把 49℃加上 21℃，认为 $T=70℃$。应严格根据中间温度定律进行补偿计算。

(3) 冷端自动补偿方式

补偿电桥法是利用不平衡电桥产生的不平衡电压作为补偿信号，来自动补偿热电偶测量过程中因参考端温度不为 0℃或变化而引起热电势的变化值。

不平衡电桥由三个电阻温度系数较小的锰铜丝绕制的电阻 R_1、R_2、R_3、电阻温度系数较大的铜丝绕制的电阻 R_{Cu}和稳压电源组成。补偿电桥与热电偶参考端处在同一环境温度，但由于 R_{Cu}的阻值随环境温度变化而变化，如果适当选择桥臂电阻，就可以使电桥产生的不平衡电压 U_{AB}补偿由于参考端温度变化引起的热电势 $E_{AB}(T,T_0)$变化量，从而达到自动补偿的目的。补偿电桥电路图如图 2.10 所示。

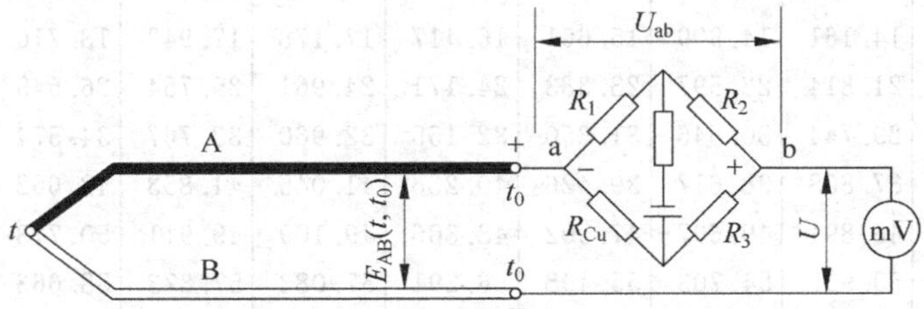

图 2.10 补偿电桥电路图

课堂讨论： 试举例说明热电偶基本定律的实际应用意义。

6) 常用热电偶分类

常用热电偶可分为标准型和非标准型两大类。所谓标准热电偶温度传感器是指国家标准规定了其热电势与温度的关系、允许误差，并有统一的标准分度表的热电偶温度传感器，它有与其配套的显示仪表可供选用。非标准化热电偶温度传感器在使用范围或数量级上均不及标准化热电偶温度传感器，一般也没有统一的分度表，主要用于某些特殊场合的测量。我国从 1988 年 1 月 1 日起，热电偶温度传感器全部按 IEC 国际标准生产，并指定 S、B、E、

K、R、J、T 7种标准化热电偶为我国统一设计型热电偶温度传感器。标准热电偶分类表如表2.1所示。

表2.1 标准热电偶分类表

类型(极性)	分 度 号	使用测温范围/℃
铂铑$_{30}$(+)——铂铑(−)	B	+600～+1700
铂铑$_{13}$(+)——铂(−)	R	0～+1600
铂铑$_{10}$(+)——铂(−)	S	0～+1600
镍铬(+)——铜镍(−)	E	−200～+900
铁(+)——铜镍(−)	J	−40～+750
镍铬(+)——镍硅(−)	K	−200～+1200
铜(+)——铜镍(−)	T	−200～+350

下面以5种热电偶为例,介绍其特点和分度表。

(1) B型(铂铑$_{30}$-铂铑$_{6}$)热电偶:属于贵重金属的热电偶,正极为铂铑$_{30}$合金,负极为铂铑$_{6}$合金,使用温度范围600～1700℃。耐热性、化学稳定性好,精度高,可以作为标准温度使用,一般用于准确度要求较高的温度测量;自由端在0～50℃内可以不用补偿导线。但热电动势值小,在还原性气体环境变脆(特别是氢、金属蒸气),补偿导线误差大,价格贵。在600℃以下温度测定不准确,线性不佳,价格贵。B型热电偶分度表如表2.2所示。

表2.2 B型热电偶分度表

温度/℃	0	10	20	30	40	50	60	70	80	90
	热电动势/mV									
0	0.000	0.591	1.192	1.801	2.419	3.047	3.683	4.329	4.983	5.646
100	6.317	6.996	7.683	8.377	9.078	9.787	10.501	11.222	11.949	12.681
200	13.419	14.161	14.909	15.661	16.417	17.178	17.942	18.710	19.481	20.256
300	21.033	21.814	22.597	23.383	24.171	24.961	25.754	26.549	27.345	28.143
400	28.943	29.744	30.546	31.350	32.155	32.960	33.767	34.574	35.382	36.190
500	36.999	37.808	38.617	39.426	40.236	41.045	41.853	42.662	43.470	44.278
600	45.085	45.891	49.697	47.502	48.306	49.109	49.911	50.713	51.513	52.312
700	53.110	53.907	54.703	55.498	56.291	57.083	57.873	58.663	59.451	60.237
800	61.022	61.806	62.588	63.368	64.147	64.924	65.700	66.473	67.245	68.015
900	68.783	65.549	70.313	71.075	71.835	72.593	73.350	74.104	74.857	75.608
1000	76.358									

(2) S型(铂铑$_{10}$-铂)热电偶:属于贵重金属热电偶,正极为铂铑$_{10}$合金,负极为铂,使用温度范围0～1600℃。耐热性、化学稳定性好,精度高,可以作为标准温度使用,一般用于准确度要求较高的温度测量。但热电动势值小,在还原性气体环境变脆(特别是氢、金属蒸气),补偿导线误差大,价格贵。S型热电偶分度表如表2.3所示。

(3) E(镍铬-康铜)型热电偶:镍铬合金为正极,康铜为负极,使用温度范围−200～900℃。在现有热电偶中灵敏度最高,比J型热电偶耐热性好,适于氧化性气体环境,价格低廉。但不适用于还原性气体环境。E型热电偶分度表如表2.4所示。

表 2.3　S 型热电偶分度表

温度/℃	0	10	20	30	40	50	60	70	80	90
	热电动势/mV									
0	0.000	0.055	0.113	0.173	0.235	0.299	0.365	0.432	0.502	0.573
100	0.645	0.719	0.795	0.872	0.950	1.029	1.109	1.190	1.273	1.356
200	1.440	1.525	1.611	1.698	1.785	1.873	1.962	2.051	2.141	2.232
300	2.232	2.414	2.506	2.599	2.692	2.786	2.880	2.974	3.069	3.164
400	3.260	3.356	3.452	3.549	3.645	3.743	3.840	3.938	4.036	4.135
500	4.234	4.333	4.432	4.532	4.632	4.732	4.832	4.933	5.034	5.136
600	5.237	5.339	5.442	5.544	5.648	5.751	5.855	5.960	6.064	6.169
700	6.274	6.380	6.486	6.592	6.699	6.805	6.913	7.020	7.128	7.236
800	7.345	7.454	7.563	7.672	7.782	7.892	8.003	8.114	8.225	8.336
900	8.448	8.560	8.673	8.786	8.899	9.012	9.126	9.240	9.355	9.470
1000	9.585	9.700	9.816	9.932	10.048	10.165	10.282	10.400	10.517	10.635
1100	10.754	10.872	10.991	11.110	11.229	11.348	11.467	11.587	11.707	11.827
1200	11.947	12.067	12.188	12.308	12.429	12.550	12.671	12.792	12.913	13.034
1300	13.155	13.276	13.397	13.519	13.640	13.761	13.883	14.004	14.125	14.247
1400	14.368	14.489	14.610	14.731	14.858	14.973	15.094	15.215	15.336	15.456
1500	15.576	15.697	15.817	15.937	16.057	16.176	16.296	16.415	16.534	16.653
1600	16.771	16.890	17.008	17.125	17.245	17.360	17.477	17.594	17.711	17.826
1700	17.942	18.056	18.170	18.282	18.394	18.504	18.612			

表 2.4　E 型热电偶分度表

温度/℃	0	10	20	30	40	50	60	70	80	90
	热电动势/mV									
0	0.000	0.591	1.192	1.801	2.419	3.047	3.683	4.329	4.983	5.646
100	6.317	6.996	7.683	8.377	9.078	9.787	10.501	11.222	11.949	12.681
200	13.419	14.161	14.909	15.661	16.417	17.178	17.942	18.710	19.481	20.256
300	21.033	21.814	22.597	23.383	24.171	24.961	25.754	26.549	27.345	28.143
400	28.943	29.744	30.546	31.350	32.155	32.960	33.767	34.574	35.382	36.190
500	36.999	37.808	38.617	39.426	40.236	41.045	41.853	42.662	43.470	44.278
600	45.085	45.891	49.697	47.502	48.306	49.109	49.911	50.713	51.513	52.312
700	53.110	53.907	54.703	55.498	56.291	57.083	57.873	58.663	59.451	60.237
800	61.022	61.806	62.588	63.368	64.147	64.924	65.700	66.473	67.245	68.015
900	68.783	65.549	70.313	71.075	71.835	72.593	73.350	74.104	74.857	75.608
1000	76.358									

(4) J 型(铁-康铜)热电偶：铁为正极，康铜为负极，使用温度范围－50～750℃。可使用于还原性气体环境，热电势较 K 热电偶大 20%，价格较便宜，适用于中温区域。缺点是正极易生锈，重复性不佳。J 型热电偶分度表如表 2.5 所示。

表 2.5 J型热电偶分度表

温度/℃	0	10	20	30	40	50	60	70	80	90
	热电动势/mV									
0	0.000	0.507	1.019	1.536	2.058	2.585	3.115	3.649	4.186	4.725
100	5.268	5.812	6.359	6.907	7.457	8.008	8.560	9.113	9.667	10.222
200	10.777	11.332	11.887	12.442	12.998	13.553	14.108	14.663	15.217	15.771
300	16.325	16.879	17.432	17.984	18.537	19.089	19.640	20.192	20.743	21.295
400	21.846	22.397	22.949	23.501	24.054	24.607	25.161	25.716	26.272	26.829
500	27.388	27.949	28.511	29.075	29.642	30.210	30.782	31.356	31.933	32.513
600	33.096	33.683	34.273	34.867	35.464	36.066	36.671	37.280	37.893	38.510
700	39.130	39.754	40.382	41.013	41.647	42.288	42.922	43.563	44.207	44.852
800	45.495	46.144	46.790	47.434	48.076	48.716	49.354	49.989	50.621	51.249
900	51.875	52.496	53.115	53.729	54.341	54.948	55.553	56.155	56.753	57.349
1000	57.942	58.533	59.12	59.708	60.293	60.876	61.459	62.039	62.619	63.199
1100	63.777	64.355	64.933	65.510	66.087	66.664	67.240	67.815	68.390	68.964
1200	69.536									

(5) K型(镍铬-镍硅或镍铬-镍铝)热电偶：镍铬合金为正极，镍硅或镍铝合金为负极，使用温度范围200～1200℃。1000℃以下稳定性、耐氧化性良好，热电势比S型大四五倍，而且线性度更好，是非贵重金属中性能最稳定的一种，应用很广。但不适用于还原性气体环境，特别是一氧化碳、二氧化硫、硫化氢等气体。K型热电偶分度表如表2.6所示。

表 2.6 K型热电偶分度表

温度/℃	0	10	20	30	40	50	60	70	80	90
	热电动势/mV									
0	0.000	0.397	0.798	1.203	1.611	2.022	2.436	2.850	3.266	3.681
100	4.095	4.508	4.919	5.327	5.733	6.137	6.539	6.939	7.338	7.737
200	8.137	8.537	8.938	9.341	9.745	10.151	10.560	10.969	11.381	11.793
300	12.207	12.623	13.039	13.456	13.874	14.292	14.712	15.132	15.552	15.974
400	16.395	16.818	17.241	17.664	18.088	18.513	18.938	19.363	19.788	20.214
500	20.640	21.066	21.493	21.919	22.346	22.772	23.198	23.624	24.050	24.476
600	24.902	25.327	25.751	26.176	36.599	27.022	27.445	27.867	28.288	28.709
700	29.128	29.547	29.965	30.383	30.799	31.214	31.214	32.042	32.455	32.866
800	33.277	33.686	34.095	34.502	34.909	35.314	35.718	36.121	36.524	36.925
900	37.325	37.724	38.122	38.915	38.915	39.310	39.703	40.096	40.488	40.879
1000	41.269	41.657	42.045	42.432	42.817	43.202	43.585	43.968	44.349	44.729
1100	45.108	45.486	45.863	46.238	46.612	46.985	47.356	47.726	48.095	48.462
1200	48.828	49.192	49.555	49.916	50.276	50.633	50.990	51.344	51.367	52.049
1300	52.398	52.747	53.093	53.439	53.782	54.125	54.466	54.807		

7) 热电偶的结构形式

热电偶的基本结构是热电极，绝缘材料和保护管；并与显示仪表、记录仪表或计算机等配套使用。在现场使用中根据环境，被测介质等多种因素研制成适合各种环境的热电偶。

热电偶简单分为装配式热电偶，铠装式热电偶和特殊形式热电偶；按使用环境细分有耐高温热电偶，耐磨热电偶，耐腐热电偶，耐高压热电偶，隔爆热电偶，铝液测温用热电偶，循环硫化床用热电偶，水泥回转窑炉用热电偶，阳极焙烧炉用热电偶，高温热风炉用热电偶，汽化炉用热电偶，渗碳炉用热电偶，高温盐浴炉用热电偶，铜、铁及钢水用热电偶，抗氧化钨铼热电偶，真空炉用热电偶等。

8）补偿导线的分类

（1）延长型补偿导线

延长型补偿导线简称延长型导线。对于由廉价材料制成的热电偶，补偿导线可使用与匹配的热电偶相同的材料制成，相当于把热电偶的电极延长到指示仪表，故称延长型补偿导线，用字母“X”附在热电偶分度号之后表示，例如，“KX”表示 K 型热电偶用延长型补偿导线。

（2）补偿型补偿导线

补偿型补偿导线简称补偿型导线，对于由贵重材料制成的热电偶，补偿导线可使用与匹配的热电偶不同的材料制成，但其热电势值在 0.100℃或 0.200℃范围内与配用热电偶的热电势标称值应相同，用字母“C”附在热电偶分度号之后表示，例如，“KC”表示 K 型热电偶用补偿型补偿导线。同一分度号的热电偶，可能由不同类型的补偿导线可以与之匹配，这时用附加字母区别，如“KCA”、“KCB”。

常用补偿导线与热电偶的匹配表如表 2.7 所示。

表 2.7　常用补偿导线与热电偶的匹配表

型　号	名　称	正、负极的材料名称		适配热电偶分度号
		正极	负极	
SC 或 RC	铜-铜镍补偿线	铜	铜镍 1.1	S 和 R
KCA	铁-铜镍补偿线	铁	铜镍 22	K
KCB	铜-铜镍补偿线	铜	铜镍 40	
KX	镍铬-镍硅延长线	镍铬 10	镍硅 3	
NC	铁-铜镍 18 补偿导线	铁	铜镍 18	N
NX	镍铬硅-镍硅延长线	镍铬 11 硅	镍硅 4	
EX	镍铬-铜镍延长线	镍铬 10	铜镍 45	E
JX	铁-铜镍延长线	铁	铜镍 45	J
TX	铜-铜镍延长线	铜	铜镍 45	T

9）热电偶的安装

热电偶温度传感器在工业生产测温中有着非常广泛的应用，热电偶的选择首先应根据被测温度的上限，正确地选择热电偶的热电极及保护套管；根据被测对象的结构及安装特点，选择热电偶的规格及尺寸。热电偶按结构形式可分为普通工业型、铠装型及特殊型等。

铠装热电偶是由热电极、绝缘材料和金属套管三者组合加工而成，它可以做得很细很长，在使用中可以随测量需要进行弯曲，其特点是：热惰性小、热接点处的热容量小、寿命较长、适应性强等，应用广泛。

热电偶安装时应放置在尽可能靠近所要测的温度控制点。为防止热量沿热电偶传走或防止保护管影响被测温度，热电偶应浸入所测流体之中，深度至少为直径的 10 倍。当测量固体温度时,热电偶应当顶着该材料或与该材料紧密接触。为了使导热误差减至最小,应减小接点附近的温度梯度。

当用热电偶测量管道中的气体温度时,如果管壁温度明显较高或较低,则热电偶将对之辐射或吸收热量,从而显著改变被测温度。这时,可以用一辐射屏蔽罩来使其温度接近气体温度,采用所谓的屏罩式热电偶。

选择测温点时应具有代表性,例如,测量管道中流体温度时,热电偶的测量端应处于管道中流速最大处。一般来说,热电偶的保护套管末端应越过流速中心线。

实际使用时特别要注意补偿导线的使用。通常接在仪表和接线盒之间的补偿导线,其热电性质与所用热电偶相同或相近,与热电偶连接后不会产生大的附加热电势,不会影响热电偶回路的总热电势。如果用普通导线来代替补偿导线,就起不到补偿作用,从而降低测温的准确性。尤其应注意:补偿导线与热电偶连接时,极性切勿接反,否则测温误差反而增大。

实际测量中,如果测量值偏离实际值太多,除热电偶安装位置不当外,还有可能是热电偶偶丝被氧化、热电偶热端焊点出现砂眼等。

四、项目总结

通过本项目的学习,应掌握如下知识重点:①热电偶温度传感器的分类和特性;②热电偶测温方法;③测温电路的原理。

通过本项目的学习,应掌握如下实践技能:①能正确选用热电偶传感器;②掌握测温电路的设计及调试方法。

项目2　热电阻在温度测量中的应用

一、项目目标

制作一指针式温度表,以热电阻为传感器,测温范围 10～30℃。

通过热电阻测温电路的制作和调试,掌握热电阻温度传感器的特性、电路原理和调试技能。

二、项目分析

电阻的实际电阻与温度成一定的比例,电阻不同对应不同的温度。所以热电阻测温的原理是测其电阻,然后通过确定的曲线测出温度。在实际应用中,通常将电阻值转换为电压值,便于传输和处理。

三、项目实施

热电阻为测温电路图如图 2.11 所示。

1. 电路原理

利用导体电阻随温度变化的特性,可以制成热电阻,要求其材料电阻温度系数大,稳定

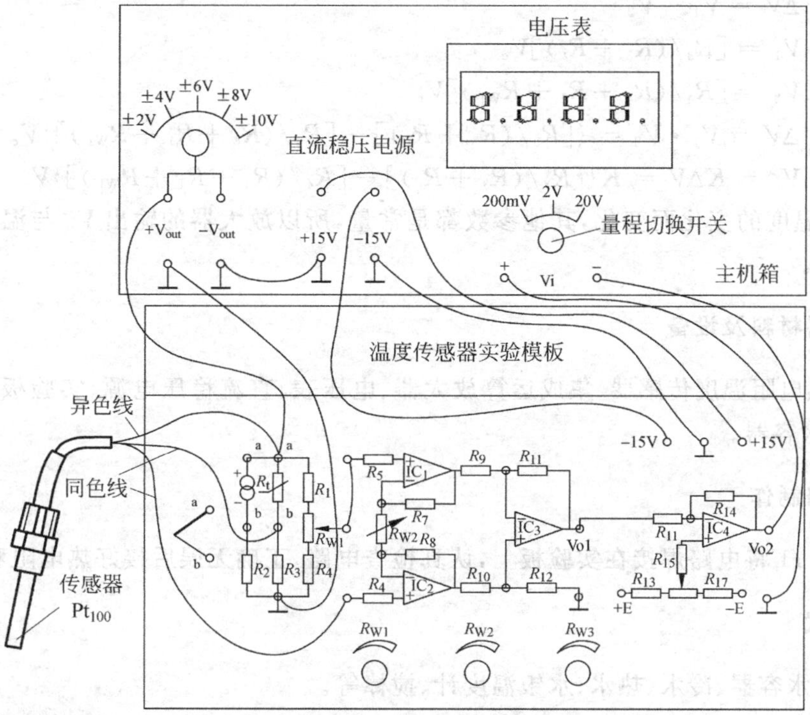

图 2.11　热电阻测温电路图

性好，电阻率高，电阻与温度之间最好有线性关系。常用的热电阻有铂电阻（500℃以内）和铜电阻（150℃以内）。

在 0～500℃以内，它的电阻 R_t 与温度 t 的关系为：

$$R_t = R_0(1 + At + Bt^2) \tag{2.13}$$

式中，R_0——系温度为 0℃时的电阻值（本项目的铂电阻 $R_0 = 100\Omega$）；

A——$3.9684 \times 10^{-3}/℃$；

B——$-5.847 \times 10^{-7}/℃^2$。

铂电阻一般是三线制，其中一端接一根引线，另一端接两根引线，主要为远距离测量消除引线电阻对桥臂的影响（近距离可用二线制，导线电阻忽略不计）。实际测量时将铂电阻随温度变化的阻值通过电桥转换成电压的变化量输出，再经放大器放大后直接用电压表显示，热电阻信号转换原理图如图 2.12 所示。

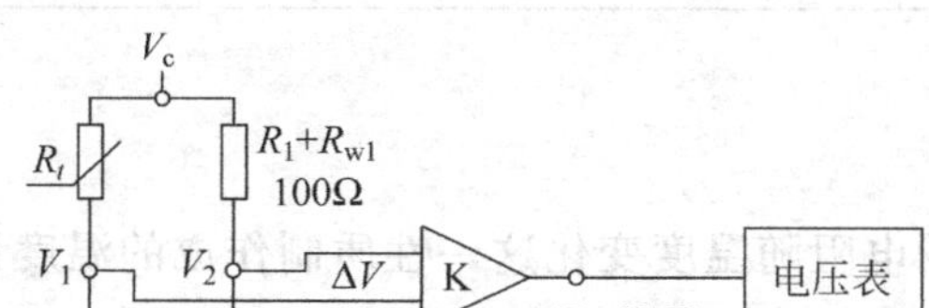

图 2.12　热电阻信号转换原理图

$$\Delta V = V_1 - V_2 \tag{2.14}$$
$$V_1 = [R_3/(R_3 + R_t)]V_c \tag{2.15}$$
$$V_2 = [R_4/(R_4 + R_1 + R_{W1})]V_c \tag{2.16}$$
$$\Delta V = V_1 \cdot V_2 = \{[R_3/(R_3 + R_t)] - [R_4/(R_4 + R_1 + R_{W1})]\}V_c \tag{2.17}$$
$$V_o = K\Delta V = K\{[R_3/(R_3 + R_t)] - [R_4/(R_4 + R_1 + R_{W1})]\}V_c \tag{2.18}$$

式中,R_t 随温度的变化而变化,其他参数都是常量,所以放大器的输出 V_o 与温度(R_t)有一一对应关系。

2. 所需材料及设备

PT_{100}热电阻温度传感器、集成运算放大器、电压表、直流稳压电源、实验板、电阻、水银温度计、盛水容器。

3. 电路制作

按图 2.11 将电路焊接在实验板上,认真检查电路,正确无误后接好热电阻和电压表。

4. 调试

准备盛水容器、冷水、热水、水银温度计、搅棒等。

(1) 把传感器和水银温度计放入盛水容器中,接通电路电源。加入冷水和热水(不断搅动),通过调节冷、热水比例使水温为 10℃,调节电路,使表头指针偏转,指针刚刚指到 0V 刻度上时停止调节(表头指示的起点定为 10℃)。

(2) 容器中加热水和冷水,不断搅动,把水温调整到 30℃,通过调节电路,使表头指针指在 5V 刻度上。

(3) 重复(1)、(2)步骤两三次,调试完成。电压表头指示的电压值乘以 4 再加上 10 就等于所测温度。

(4) 检验在 10~30℃范围内的任一温度点,水银温度计的读数与指针式温度表的读数是否一致。

特别提示:

调试过程中要不断搅动,以使传感器与水银温度计感受同一温度,同时要等水银温度计的读数稳定后再调试电路。

5. 知识链接

利用导体和半导体的电阻随温度变化这一性质制作成的温度计称为电阻温度计。大多数金属(热电阻)在温度升高 1℃时电阻将增加 0.4%~0.6%。但半导体电阻(热敏电阻)一般随温度升高而减小,其灵敏度比金属高,每升高 1℃,电阻约减小 2%~6%。

热电阻广泛用来测量 −200~500℃范围内的温度,少数情况下,低温可测量至 1K,高温达 1000℃。目前由纯金属制造的热电阻的主要材料是铂、铜和镍,它们已得到广泛的应用。

1）常用热电阻的基本结构和工作原理

热电阻由电阻体、保护套和接线盒等部件组成。其结构形式可根据实际使用制作成各种形状。

用于制造热电阻的材料应具有尽可能大和稳定的电阻温度系数和电阻率，R_t关系最好成线性，物理化学性能稳定，复现性好等。目前最常用的热电阻有铂热电阻和铜热电阻。

（1）铂电阻

铂热电阻的特点是精度高、稳定性好、性能可靠，所以在温度传感器中得到了广泛应用。按 IPTS.68 标准，在－259.34～＋630.74℃温域内，以铂电阻温度计作为基准器。

铂热电阻的温度特性，在 0～630.74℃以内为：

$$R_t = R_0[1 + At + Bt^2] \tag{2.19}$$

在－190～0℃以内为：

$$R_t = R_0[1 + At + Bt^2 + C(t - 100)t^3] \tag{2.20}$$

式中：R_t——温度为 t℃的阻值；

R_0——温度为 0℃时的阻值；

A——分度系数，取 3.940×10^{-3}/℃；

B——分度系数，取 -5.84×10^{-7}/℃；

C——分度系数，取 -4.22×10^{-12}/℃。

热电阻在温度 t 时的电阻值与 R_0 有关。目前我国规定工业用铂热电阻有 $R_0=50\Omega$ 和 $R_0=100\Omega$ 两种，它们的分度号分别为 Pt_{50}（$R_0=50\Omega$）和 Pt_{100}（$R_0=100\Omega$），其中以 Pt_{100} 为常用。铂热电阻不同分度号有相应分度表，即 R_t-t 的关系表，这样在实际测量中，只要测得热电阻的阻值 R_t，便可从分度表上查出对应的温度值。

铂热电阻中的铂丝纯度用电阻比 W100 表示，它是铂热电阻在 100℃时电阻值 R_{100} 与 0℃时电阻值 R_0 之比。按 IEC 标准，工业使用的铂热电阻的 W100＞1.3850。

Pt_{100} 具有正温度系数，通常用白金线绕制完成后，会放入保护管中，保护管可用玻璃、不锈钢等材料制成，为了配合不同的测试环境，可使用不同的长度与外径，保护管内空隙以氧化物陶瓷及黏合剂填充。Pt_{100} 热电阻外观示意图如图 2.13 所示。

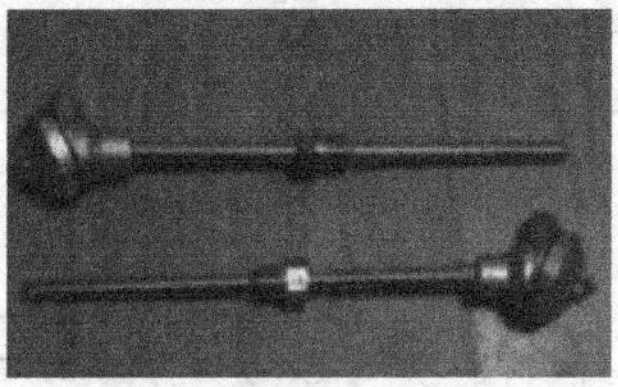

图 2.13　PT_{100} 热电阻外观图

例 2.5　已知铂热电阻温度计 0℃时电阻为 100Ω，100℃时电阻为 139Ω，当它与某热介质接触时，电阻值增至 281Ω，试确定该介质温度。

解：铂热电阻温度计 0℃时电阻为 100Ω，100℃时电阻为 139Ω。

可通过查分度表得：当电阻值增至 281Ω 时，介质温度为 500℃。

（2）铜电阻

由于铂是贵重金属材料，因此，在一些测量精度要求不高且温度较低的场合，可采用铜热电阻进行测温，它的测量范围为－50～150℃。铜热电阻在测量范围内其电阻值与温度的关系几乎是线性的，可近似地表示为：

$$R_t = R_0(1 + \alpha t) \tag{2.21}$$

式中，$\alpha=4.28\times10^{-3}$/℃

铜热电阻线性好，价格便宜，但它电阻率较低，且在100℃以下易氧化，不适宜在腐蚀性介质或高温下工作。铜热电组的两种分度号为 Cu_{50} ($R_0=50\Omega$)和 Cu_{100} ($R_0=100\Omega$)。

2）热电阻的测量电路

热电阻测温精度高、适于测低温。传感器的测量电路经常使用电桥，其中精度较高的是自动电桥。由于热电阻的电阻值很小，所以导线电阻值不可忽略。热电阻传感器内部引线方式有二线制、三线制和四线制三种，热电阻内部引线方式示意图如图2.14所示。

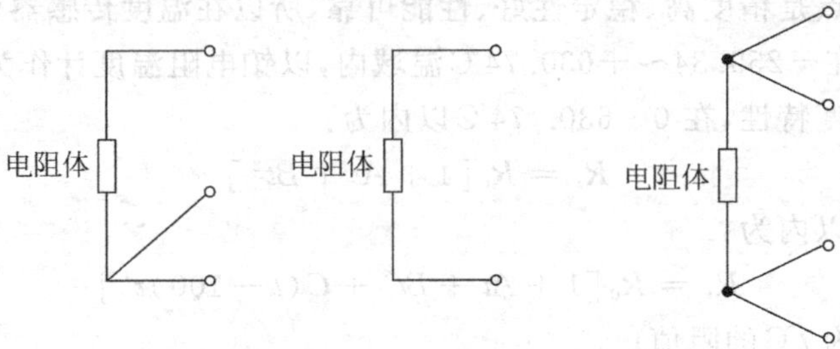

图2.14 热电阻内部引线方式示意图

二线制中引线电阻对测量影响大，用于测温精度不高的场合。

三线制可以减小热电阻与测量仪表之间连接导线的电阻因环境温度变化所引起的测量误差。

四线制可以完全消除引线电阻对测量的影响，用于高精度温度检测。工业用铂电阻测温常采用三线制和四线制连接法。

三线制接法示意图如图2.15所示，四线制接法示意图如图2.16所示。G是检流计，R_1、R_2、R_3是固定电阻，r_1、r_2、r_3是引线电阻，R_a是零位调节电阻，R_t是热电阻。当 $U_A=U_B$ 时，电桥平衡，调节 R_a，可消除引线电阻的影响。

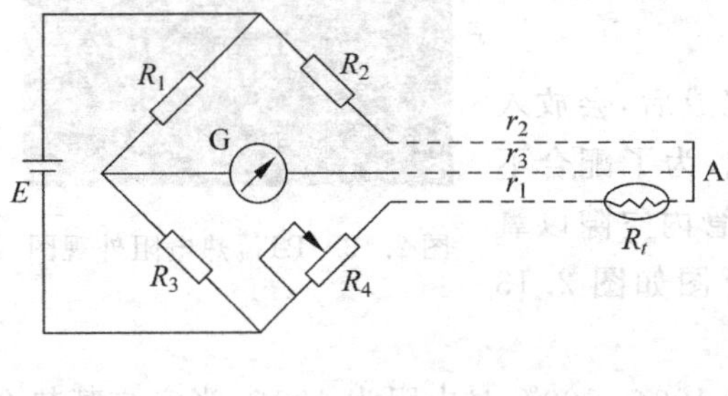

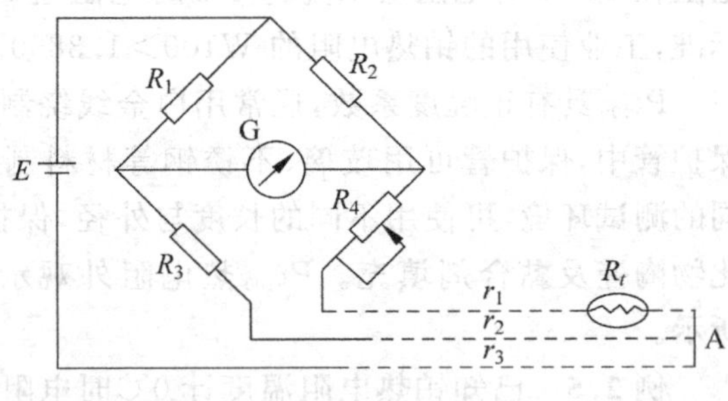

图2.15 三线制接法示意图

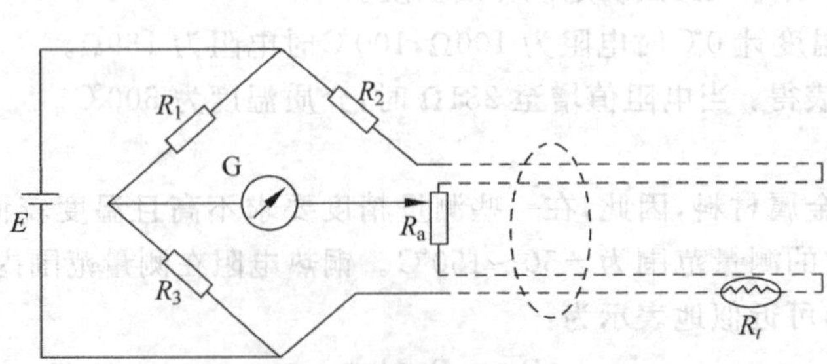

图2.16 四线制接法示意图

例 2.6　热电阻传感器引线方法及应用场合？

答：由于热电阻的电阻值很小，所以导线电阻值不可忽略。热电阻传感器内部引线方式有二线制、三线制和四线制三种。

二线制中引线电阻对测量影响大，用于测温精度不高的场合。

三线制可以减小热电阻与测量仪表之间连接导线的电阻因环境温度变化所引起的测量误差。

四线制可以完全消除引线电阻对测量的影响，用于高精度温度检测。

工业用铂电阻测温常采用三线制和四线制连接法。

例 2.7　热电偶冷端温度自动补偿电路图如图 2.17 所示。设补偿电桥的 4 个桥臂电阻 R_t 由电阻温度系数极大的铜丝制成，R_2、R_3、R_4 为阻值相等的桥臂平衡电阻。试分析回答下列问题：

(1) 根据图 2.17 建立电压方程式。

(2) 分析 R_t 应选择何类型（正温度系数或负温度系数）。

(3) 简述温度自动补偿过程。

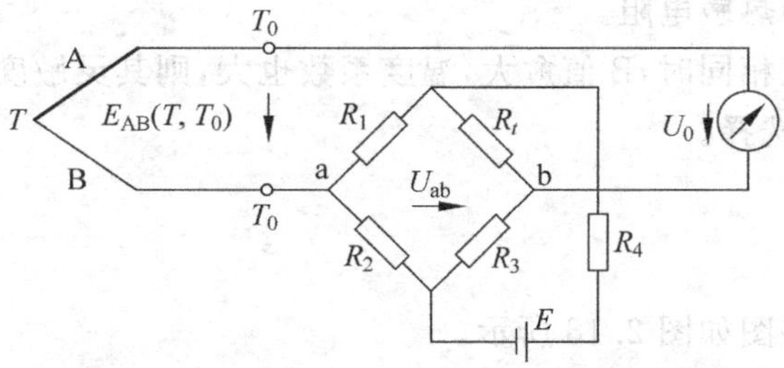

图 2.17　热电偶冷端温度自动补偿电路图

答：

(1) 由回路电压定律可得：

$$E_{AB}(T,T_0)+U_{ab}-U_0=0 \tag{2.22}$$

(2) R_t 应选择正温度系数类型的电阻。

(3) 补偿前：

$$T_0\uparrow\rightarrow E_{AB}(T,T_0)\downarrow\rightarrow U_{ab}=c\rightarrow U_0\downarrow \tag{2.23}$$

补偿后：

$$T_0\uparrow\rightarrow E_{AB}(T,T_0)\downarrow\rightarrow U_{ab}\uparrow\rightarrow U_0\uparrow \tag{2.24}$$

最终使 U_0 不随 T 的波动变化，而是关于热端 T 的单值函数。

课堂讨论：如何根据实际情况选择热电阻的种类？

四、项目总结

通过本项目的学习，应掌握如下知识重点：①热电阻温度传感器的分类和特性；②热电阻测温方法；③测温电路的原理。

通过本项目的学习，应掌握如下实践技能：①能正确选用热电阻传感器；②掌握测温电路的设计及调试方法。

项目3　热敏电阻在温度测量中的应用

一、项目目标

通过热敏电阻测温电路的制作和调试，掌握热敏电阻温度传感器的特性、电路原理和调试技能。

制作一自动温控电路，以热敏电阻为传感器，温度低于20℃时，自动启动加热装置，温度高于30℃时，停止加热。

二、项目分析

热敏电阻是一种价格便宜、应用广泛的测温传感器，在家用电器、生活类电子产品中使用较多。热敏电阻主要分为正温度系数、负温度系数和临界温度系数，在温控电路中用得较多的是临界温度系数型热敏电阻。

当热敏电阻标称值相同时，B值愈大，温度系数也大，则其灵敏度愈高，在应用热敏电阻时，应用根据需要进行选择。

三、项目实施

热敏电阻测温电路图如图2.18所示。

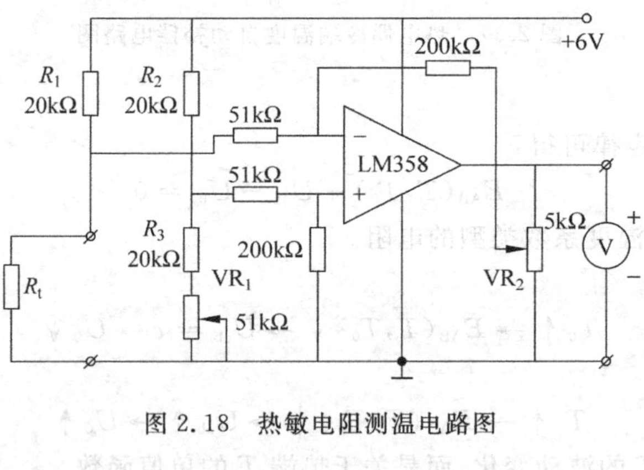

图2.18　热敏电阻测温电路图

1. 电路原理

由固定电阻R_1、R_2，电阻R_t及R_3+VR_1构成测温电桥，把温度的变化转化成微弱的电压变化；再由运算放大器LM358进行差动放大；运算放大器的输出端接5V的直流电压表头，用来显示温度值。电阻R_1与热敏电阻RT的结点接运放的反相输入端，当被测温度升高时该点电位降低，运放输出电压升高，表头指针偏转角度增大，以指示较高的温度值；反之当被测温度降低时，表头指针偏转角度减小，以指示较低的温度值。

VR_1用于调“0”；VR_2用于调节放大器的增益，即分度值。

2. 所需材料及设备

NTC热敏电阻温度传感器、集成运算放大器LM358、5kΩ微调电位器、5V电压表头、6V稳压电源、实验板、电阻、水银温度计、盛水容器。

3. 电路制作

按图2.18将电路焊接在实验板上，认真检查电路，正确无误后接好热敏电阻和电压表头。

4. 调试

准备盛水容器、冷水、热水、水银温度计、搅棒等。

(1) 把传感器和水银温度计放入盛水容器中，接通电路电源。加入冷水和热水(不断搅动)，通过调节冷、热水比例，使水温为10℃，观察放大器输出电压变化。

(2) 慢慢注入热水，观察水银温度计示数，把水温调整到30℃时，观察放大器输出值的变化。

(3) 慢慢注入冷水，观察水银温度计示数，把水温调整到20℃时，观察放大器输出值的变化。

(4) 重复步骤(2)～(3)，观察放大器输出值的变化，看与之前设定的温控目标是否一致。

> **特别提示：**
>
> 热敏电阻是一个电阻，电流流过它时会产生一定的热量，因此电路设计时应确保流过热敏电阻的电流不能太大，以防止热敏电阻自热过度，否则系统测量的是热敏电阻发出的热度，而不是被测介质的温度。

5. 知识链接

热敏电阻是用一种半导体材料制成的敏感元件，其特点是电阻随温度变化而显著变化，能直接将温度的变化转换为能量的变化。制造热敏电阻的材料很多，如锰、铜、镍、钴和钛等氧化物，它们按一定比例混合后压制成型，然后在高温下焙烧而成。

热敏电阻具有灵敏度高、体积小、较稳定、制作简单、寿命长、易于维护、动态特性好等优点，因此得到较为广泛的应用，尤其是应用于远距离测量和控制中。

1) 热敏电阻的工作原理

按半导体电阻随温度变化的典型特性分为三种类型：即负电阻温度系数热敏电阻(NTC)，正电阻温度系数热敏电阻(PTC)和在某一特定温度下电阻值会发生突变的临界温度电阻器(CTR)。热敏电阻温度特性曲线图如图2.19所示。

大多数热敏电阻为负温度系数(NTC)，即温度越高，阻值越小，从图中也能看出负温度系数热敏电阻的电阻温度特性有明显的非线性，这类型热敏电阻特别适用于－100～＋300℃之间测温。

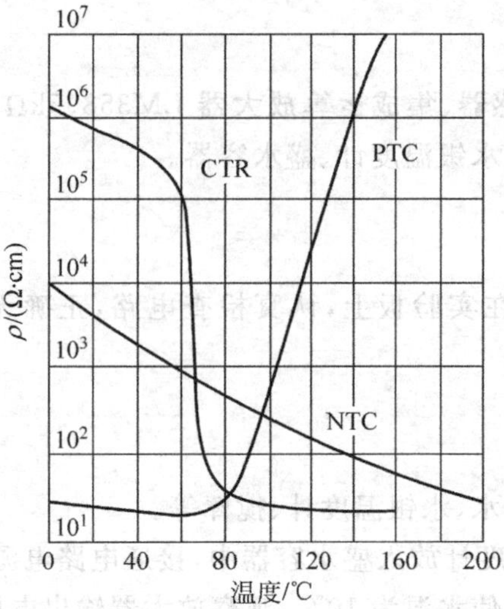

图 2.19　热敏电阻温度特性曲线图

PTC 正温度系数热敏电阻的阻值随温度升高而增大,且有斜率最大的区域,当温度超过某一数值时,其电阻值朝正的方向快速变化。其用途主要是彩电消磁、各种电器设备的过热保护等。

CTR 临界温度系数热敏电阻,也具有负温度特性系数,但在某个温度范围内电阻值急剧下降,曲线斜率在此区段特别陡,灵敏度极高。主要用作温度开关。

各种热敏电阻的阻值在常温下很大,不必采用三线制或四线制接法,给使用带来方便。

2) 热敏电阻的主要特性(NTC)

(1) 电阻-温度特性

NTC 热敏电阻的导电性能取决于内部载流子(电子和空穴)密度和迁移率,当温度升高时,外层电子在热激发下大量成为载流子,使载流子的密度增加,活动能力大大加强,从而导致其阻值急剧下降。

电阻与温度之间的关系近似负指数关系,可用下面的公式来表示:

$$R_T = R_0 e^{B\left(\frac{1}{T}-\frac{1}{T_0}\right)} \tag{2.25}$$

式中,R_T——温度为 T 时的电阻值;

R_0——温度为 T_0 时的电阻值;

B——材料常数;

T、T_0——热敏电阻的绝对温度(开尔文 K)。

为了使用方便,生产厂商一般取 $T_0=25℃$,$T=100℃$,作为热敏电阻材料常数 B 的取值,则有

$$B = \frac{\ln(R_T/R_{T_0})}{(1/T-1/T_0)} = \frac{\ln(R_{100}/R_{25})}{(1/373-1/298)} = 1482\ln\frac{R_{25}}{R_{100}} = 常数 \tag{2.26}$$

式中,R_{100}——100℃时的电阻值;

R_{25}——25℃时的电阻值。

(2) 温度系数

热敏电阻本身温度变化1℃时电阻值的相对变化量,称为热敏电阻的温度系数,可由下式表示。

$$\alpha=\frac{1}{R_T}\frac{dR_T}{d_T}=-\frac{B}{T^2} \tag{2.27}$$

式中,B——热敏电阻的材料常数;

α——热敏电阻的灵敏度。

由式(2.27)可知,α 随温度 T 的降低而迅速增大,即热敏电阻的阻值对温度变化灵敏度高,约为金属热电偶的10倍。

例2.8　某热敏电阻,其 B 值为2900K,若冰点电阻为500kΩ,求热敏电阻在100℃时的阻值。

解:

$$R=R_0e^{B\left(\frac{1}{T}-\frac{1}{T_0}\right)}=500e^{2900\left(\frac{1}{373}-\frac{1}{273}\right)}=28.98\text{k}\Omega$$

例2.9　已知某负温度系数的热敏电阻,在温度为298K时阻值 $R_{T1}=3144\Omega$;当温度为303K时阻值 $R_{T_2}=2772\Omega$,试求该热敏电阻的材料常数 B_n 和298K时的电阻温度系数 α 是多少?

解:已知

$$T_1=298\text{K},\quad R_{T_1}=3144\Omega,\quad T_2=303\text{K},\quad R_{T_2}=2772\Omega$$

解出材料常数:

$$B_n=\frac{\ln R_{T_1}-\ln R_{T_2}}{\frac{1}{T_1}-\frac{1}{T_2}}=\frac{\ln 3114-\ln 2772}{\frac{1}{298}-\frac{1}{303}}=2275\text{K}$$

$$\alpha_{tn}=\frac{1}{R_T}\frac{dR_T}{dT}=-\frac{B_n}{T^2}$$

$$\alpha_{tn}=-\frac{2275}{298^2}=-2.56\%\text{K}$$

四、项目总结

通过本项目的学习,应掌握如下知识重点:①热敏电阻温度传感器的分类和特性;②热敏电阻测温方法;③测温电路的原理。

通过本项目的学习,应掌握如下实践技能:①能正确选用热敏电阻传感器;②掌握测温电路的设计及调试方法。

项目4　AD590温度传感器在温度测量中的应用

一、项目目标

通过AD590温度传感器测温电路的制作和调试,掌握AD590温度传感器的特性、电路原理和调试技能。

以AD590为传感器,制作一数字显示温度表,测温范围0～100℃。

二、项目分析

AD590 是由美国模拟器件公司(ADI)生产的电流型集成温度传感器，它将温度转换成标准电流输出，后缀以 I、J、K、L、M 表示精度，一般用于高精度温度测量电路，其封装形式有三种，AD590 的封装形式示意图如图 2.20 所示，常用的为 TO-52 封装形式。

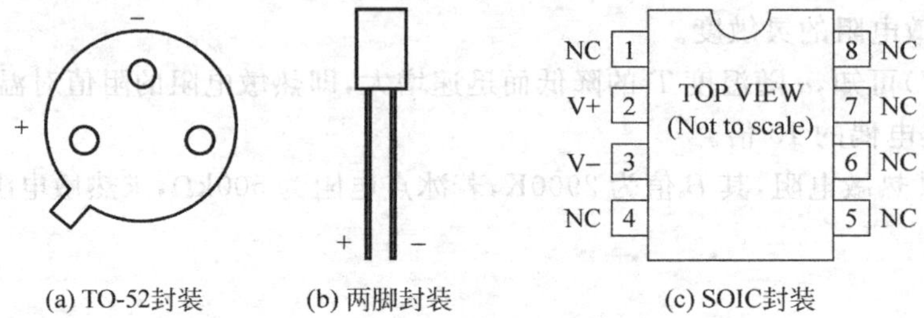

图 2.20　AD590 的封装形式示意图

三、项目实施

AD590 测温电路如图 2.21 所示。

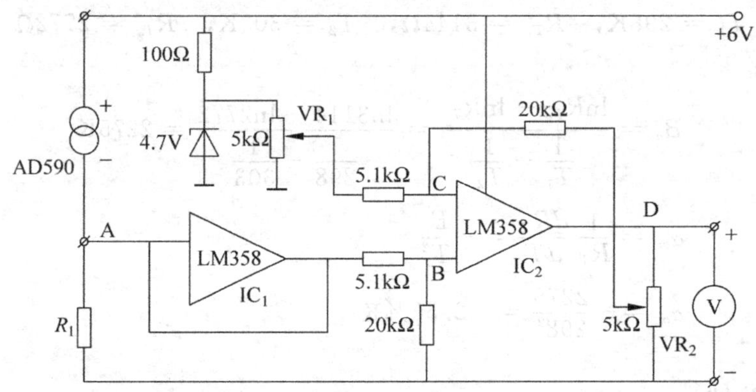

图 2.21　AD590 测温电路图

1. 电路原理

电源正极经 AD590 后串接 10kΩ 的精密电阻 R_1 后接地，把 AD590 输出的随温度变化而变化的电流信号转化成电压信号，即 A 点的电压。温度与 A 点电压的关系如表 2.1 所示；温度每变化 10℃，AD590 的输出电流变化 10μA，在电阻 R_1 上引起的电压变化就等于 100mV，于是灵敏度为 10mV/℃。为了增大后续放大器的输入阻抗，减小对 R_1 上电压信号的影响，转化后的电压信号经 IC_1 电压跟随器后到差动运算放大器 IC_2 的同相输入端，B 点的电压等于 A 点电压。由于 AD590 是按热力学温度分度的，0℃时的电流不等于 0，而是 273.2μA，经 10kΩ 电阻转换后的电压为 2.732V，因此需给 IC_2 的反相输入端 C 加上 2.732V 的固定电压进行差动放大，以使 0℃时运算放大器的输出电压为 0。温度与电压的关系表如表 2.8 所示。

表 2.8　温度与电压的关系表

温度/℃	AD590 电流/μA	经 10kΩ 电阻后的转换电压/V
0	273.2	2.732
10	283.2	2.832
20	293.2	2.932
30	303.2	3.032
40	313.2	3.132
50	323.2	3.232
60	333.2	3.332
100	373.2	3.732

温度在 0～100℃变化时，放大器输入端电压信号的变化范围是 $U_i=3.732\text{V}-2.732\text{V}=1.0\text{V}$，要求输出电压变化为 $\Delta U_o=5.0\text{V}-0\text{V}=5.0\text{V}$，所以运放放大倍数应为 $A_v=\Delta U_o/\Delta U_i=5.0/1.0=5$。

输出端接 5V 的直流电压表头，用来显示温度值。有条件的也可以数字电压表头，实现温度的数字显示。VR_1 用于调"0"；VR_2 用于调节放大器的增益，即分度值。

2．所需材料及设备

温度传感器 AD590、集成运算放大器、电压表头、万用表、直流稳压电源、实验板、电阻、水银温度计、盛水容器、冰块、加热装置等。

3．电路制作

按图 2.21 将电路焊接在实验板上，认真检查电路，正确无误后接好温度传感器和电压表。

4．调试

准备盛水容器、冰块、冷水、热水、水银温度计、搅棒等。

(1) 先不接电压表头，接通电路电源，用万用表 5V 电压挡测量稳压二极管端电压应约为 4.7V，然后测量 C 点电压，调节 VR_1 使该点电压约为 2.7V，断开电源，接好电压表头。

(2) 把传感器和水银温度计放入盛水容器中，接通电路电源。加入冷水和冰块(不断搅动)，使水温保持 0℃，调节电路的 VR_1 使表头指针指在 0V 刻度上。

(3) 容器中加热水并加温，不断搅动，当水沸腾时(100℃)，通过调节电路的 VR_2 使表头指针指在 5V 刻度上。

(4) 重复(1)、(2)步骤两三次，调试完成。电压表头指示的电压值乘以 20 就等于所测温度。

(5) 检验在 0～100℃范围内的任一温度点，水银温度计的读数与指针式温度表的读数是否一致。

特别提示：

调试过程中要不断搅动，以使传感器与水银温度计感受同一温度，同时要等水银温度计的读数稳定后再调试电路。

5. 知识链接

1) 电流输出式集成温度传感器

电流输出式集成温度传感器的特点是输出电流与热力学温度(或摄氏温度)成正比,电流温度系数 K_I 的单位是 μA/K (或 1μA/℃),典型产品有:AD590、AD592、TMP17、AD590 集成温度传感器等,AD590 的外形图如图 2.22 所示,其灵敏度是 1μA/K。

图 2.22 AD590 的外形图

2) 电压输出式集成温度传感器

电压输出式集成温度传感器的特点是输出电压与热力学温度(或摄氏温度)成正比,电压温度系数 K_U 是 mV/K (或 mV/℃),典型产品有 LM334、LM35、TMP37 等。以热力学温度定标,灵敏度是 10mV/K。

3) 频率输出式集成温度传感器

频率输出式集成温度传感器的特点是输出方波的频率与热力学温度成正比,频率温度系数 K_f 的单位是 Hz/K,典型产品是 MAX6677,以热力学温度定标,灵敏度是 4～1/16Hz/K。

4) 周期输出式集成温度传感器

周期输出式集成温度传感器的特点是输出方波的周期与热力学温度成正比,周期温度系数 K_T 的单位是 μs/K,典型产品是 MAX6576,以热力学温度定标,灵敏度是 4～1/16Hz/K。

常用模拟集成温度传感器的主要技术指标表如表 2.9 所示。

表 2.9 常用模拟集成温度传感器的主要技术指标表

种 类	型 号	温度系数	最大测量误差/℃	测量范围/℃	电源电压/V	生产厂商
电流输出	AD590	1μA/K	±0.5	−50～+150	4～30	Harris ADI
	AD592	1μA/K	±0.5	−25～+105	4～30	
电压输出	LM35A	10mV/℃	±1.0	−55～+150	4～30	NSC
	LM135	10mV/℃	±1.5	−55～+150	2.7～10	
周期输出	MAX6676	10.6401μs/K	±3.0	−55～+150	2.7～5.5	MAXIM
频率输出	MAX6677	4～1/16Hz/K	±3.0	−55～+150	2.7～5.5	

四、项目总结

通过本项目的学习,应掌握如下知识重点:①理解 AD590 温度传感器的特性;②掌握 AD590 温度传感器的测温方法;③掌握测温电路的原理。

通过本项目的学习,应掌握如下实践技能:①能正确使用 AD590 温度传感器;②掌握测温电路的调试方法。

阅读材料 数字温度传感器及其应用

数字集成温度传感器(又称智能温度传感器)内含温度传感器、A/D转换器、存储器(或寄存器)和接口电路,采用了数字化技术,能以数据形式输出被测温度值,其测温误差小、分辨率高、抗干扰能力强、能远距离传输、具有越限温度报警功能、带串行总线接口,适配各种微处理器等优点。

按输出的串行总线类型分,有单线总线(1-Wire,如DS18B20),二线总线(包括SMBus、I^2C总线,如AD7416)和四线总线(SPI总线,如LM15)几种类型。常用数字集成温度传感器的主要技术指标表如表1所示。

表1 常用数字集成温度传感器的主要技术指标表

型 号	最大测量误差/℃	测量范围/℃	电源电压/V	总线类型	生产厂商
DS18B20	±0.5	−55～+125	3.0～5.5	1-Wire	DALLAS
DS1624	±0.5	−55～+125	3.0～5.0	I^2C总线	
AD7416	±2.0	−55～+125	2.7～5.5	I^2C总线	ADI
AD814	±2.0	−55～+125	2.7～5.5	SPI总线	
LM74	±3.0	−55～+125	3.0～5.0	SPI总线	NSC
LM7	±3.0	−25～+100	3.0～5.0	I^2C总线	
MAX6625	±3.0	−55～+125	3.0～5.5	I^2C总线	MAXIM
MAX6654	±3.0	−55～+125	3.0～5.5	SMBus	

1. 工作原理

开始供电时,数字温度传感器处于能量关闭状态,供电之后用户通过改变寄存器分辨率使其处于连续转换温度模式或者单一转换模式。在连续转换模式下,数字温度传感器连续转换温度并将结果存于温度寄存器中,读温度寄存器中的内容不影响其温度转换;在单一转换模式下,数字温度传感器执行一次温度转换,结果存于温度寄存器中,然后回到关闭模式,这种转换模式适用于对温度敏感的应用场合。在应用中,用户可以通过程序设置分辨率寄存器来实现不同的温度分辨率,其分辨率有8位、9位、10位、11位、12位5种,对应温度分辨率分别为1.0℃、0.5℃、0.25℃、0.125℃、0.0625℃,温度转换结果的默认分辨率为9位。

2. 数字温度传感器典型应用

为保证机房设备正常运行及工作人员有一个良好的工作环境,对机房温度的监测是必不可少的,合理正常的温度环境是机房设备正常运行的重要保障。

在机房的合理位置安装温度传感器,以实现对温度的24h实时监测,并能在中控室的监测主机上实时显示各个位置的温度测量值。一旦数值出现超出预设温度上下限,在监测主机上可以通过改变相应位置数值颜色来报警。为在总体上监视整个机房的温度状况,可在新风机的进风口和主空调机的回风口,分别安装温度传感器来检测温度。

温度监测除用于机房监测外,还可以广泛应用于如生物制药、无菌室、洁净厂房、电信银行、图书馆、档案馆、文物馆、智能楼宇等各行各业需要温度监测的场所和领域。

复习与训练

一、填空

1. 热电偶回路产生的热电动势由(　　)电势和(　　)电势两部分组成。

2. 热电偶的分度表是冷端温度在0℃时的条件下得到的，它描述热端(　　)与热电势的对应关系。

3. 传感器输入量一般是(　　)量，转换成的输出量是电量。

4. 按照热电偶本身的结构划分，有(　　)热电偶、铠装型热电偶、薄膜型热电偶。

5. 热电偶的分度表是冷端温度在(　　)℃时的条件下得到的，它描述热端温度与热电势的对应关系。

6. 热电偶的分度表是冷端温度在0℃时的条件下得到的，它描述热端温度与(　　)的对应关系。

7. 当被测(　　)变化时，热电阻的电阻值也发变化。

8. 温度传感器的被测量是(　　)。

9. 热电偶中的热电势的大小仅与电极的(　　)，及其两端温度差有关，而与热电极尺寸、形状及温度分布无关。

10. 在热电偶回路中接入第三导体后，只要第三种导体连接端的温度相同，就不会影响热电偶回路的(　　)。

11. 国家已定型批量生产了标准化热电偶。它具有良好的互换性，有统一的(　　)表，并有与之配套的记录和显示仪表，给生产和使用带来方便。

12. 一般来说，纯金属热电偶容易复制，但(　　)差；非金属热电极复制性和稳定性都差，所以合金热电极用得最多。

13. 若热电偶的冷端保持0℃，热端温度为0℃，则输出的热电势数值为(　　)。

二、判断

1. 热电势的大小只和热电极的材料性质和两接点的温度有关，而与热电偶的形状和尺寸无关。(　　)

2. 如果热电偶的两个热电极材料不同，而两个接触点的温度相同，则回路中的热电势为零。(　　)

3. 热电偶传感器的中间导体定律保证了接入热电偶回路中的第三甚至第四种导体只要它们连接端的温度相同就一定不会影响回路的总电势。(　　)

4. 将温度转换为电势大小的热电式传感器叫热电偶。(　　)

5. 热电偶的两个热电极可以使用相同的材料。(　　)

6. 接触电势是由于两种不同导体的自由电子密度不同而在接触处形成的电动势。(　　)

7. 热电偶的工作机理是导体的热电效应，而热电势的产生必须具备两个条件，即两种导体材质不同且两个结点的温度不同。(　　)

8. 将温度转换为电阻值大小的热电式传感器叫作热电阻。(　　)

9. 由均质材料构成的热电偶,热电势的大小与导体材料及导体中间温度有关,与热电偶尺寸、形状及电极温度分布无关。 ( )

10. 如果参考端温度 T_0 恒定不变,则对给定材料的热电偶,其热电势就只与工作端温度 T 成多值函数关系。 ( )

三、选择

1. 热电偶回路中产生的热电势由( )组成。(多选)

A. 感应电动势

B. 单一导体的温差电动势

C. 两不同导体的接触电动势

D. 切割电动势

2. 物质的电阻率随( )变化而变化的物理现象称为热电阻效应。

A. 电压 B. 温度 C. 电流 D. 振动

3. 一个热电偶产生的热电势为 E_0,当打开其冷端串接与两热电极材料不同的第三根金属导体时,若保证已打开的冷端点的温度与未打开时相同,则回路中的电动势( )。

A. 增加 B. 减小 C. 不确定 D. 不变

4. 在热电偶回路中接入第三导体后,( )就不会影响热电偶回路的总热电势。

A. 只要第三种导体线径相同

B. 只要第三种导体长度相同

C. 只要第三种导体分布路径相同

D. 只要第三种导体连接端的温度相同

5. 使用热电偶的热极材料中,用的较多的是( )。

A. 纯金属 B. 非金属 C. 半导体 D. 合金

6. 热电偶传感器形成热电势的条件是( )。

A. 两种材料不同结点所处温度不同

B. 两种材料不同结点所处温度相同

C. 两种材料相同结点所处温度不同

D. 两种材料相同结点所处温度相同

7. 有一温度计,它的测量范围为 0~200℃,精度等级 0.5 级,该表可能出现的最大绝对误差为( )。

A. 1℃ B. 0.5℃ C. 10℃ D. 200℃

四、计算

1. 用镍铬.镍硅热电偶测炉温,当冷端温度 $T_0=30$℃时,测得热电势为 39.17mV,则实际炉温是多少?

2. 已知铂热电阻温度计 0℃时电阻为 100Ω,100℃时电阻为 139Ω,当它与某热介质接触时,电阻值增至 281Ω,试确定该介质温度。

3. 某热电偶的热电势在 $E(600,0)$时,输出 $E=5.257$mV,若冷端温度为 0℃时,测某炉温输出热电势 $E=5.267$mV。试求该加热炉实际温度是多少?

4. 镍铬.镍硅热电偶灵敏度为 0.04mV/℃,把它放在温度为 1200℃处,若以指示仪表作为冷端,此处温度为 50℃,试求热电势大小。

5. 将一只灵敏度为 0.08mV/℃的热电偶与电压表相连,电压表接线端处所处的温度为 50℃,电压表上读数为 60mV,求热电偶热端温度。

6. 铂铑$_{10}$一铂热电偶冷端温度 $T_0=30℃$,现测得热电偶的电动势为 7.5mV,求热电偶的热端温度为多少摄氏度(部分热电偶分度表如表 2.10 所示)?

表 2.10 部分热电偶分度表

温度/℃	热电动势/mV
30	0.173
……	……
800	7.345
810	7.454
820	7.563
830	7.673

7. 一支分度号为 Cu_{100} 的热电阻,在 130℃时它的电阻 R_1 是多少?要求比较精确计算和估算。

8. 某热敏电阻,其 B 值为 2900K,若冰点电阻为 500kΩ,求热敏电阻在 100℃时的阻值。

9. 使用 K 型热电偶,基准接点为 0℃,测量接点为 30℃和 900℃时,电动势分别为 1.203mV 和 37.326mV,当基准接点为 30℃,测温接点为 900℃时的温差电动势为多少?

10. 已知某负温度系数的热敏电阻,在温度为 298K 时阻值 $RT_1=3144\Omega$;当温度为 303K 时阻值 $RT_2=2772\Omega$,试求该热敏电阻的材料常数 B_n 和 298K 时的电阻温度系数 a 是多少?

11. 已知在某特定条件下,材料 A 与铂匹配的热电势为 13.967mV,材料 B 与铂匹配的热电势为 8.345mV,求出在此条件下,材料 A 与材料 B 配对后的热电势。

12. 某热敏电阻 0℃时电阻为 30kΩ,若用来测量 100℃物体的温度,其电阻为多少?设热敏电阻的系数 B 为 3450K。

模块3 压力传感器的应用

引入项目

概述

在工业生产、科学研究及日常生活等各个领域中，压力是需要检测的重要参数之一，它直接影响产品的质量，又是生产过程中一个重要的安全指标。压力传感器主要有电阻式、电容式和电感式等，本模块将通过几种压力传感器的具体应用实例来学习压力传感器的原理、特性、参数、应用电路的调试及使用注意事项等。

模块结构

压力传感器的应用
- 应变式压力传感器在电子称中的应用
- LED显示排压力计设计
- 压力变送器在恒压供水系统中的应用

预备知识

- 基尔霍夫电压定律
- 惠斯通电桥电路
- 运算放大电路
- 发光二极管驱动电路

项目1 应变式压力传感器在电子秤中的应用

一、项目目标

通过本项目的学习，掌握压力传感器的结构、基本原理，根据所选择的压力传感器设计接口电路,并完成电路的制作与调试。

设计一简易电子秤,称重范围 0～5kg,精度±10g,重量采用 10V 的电压表显示。

二、项目分析

电子秤在工业生产、商场零售等行业已随处可见。在城市商业领域,电子计价秤已取代传统的杆秤和机械案秤。

市场上通用的电子计价称的硬件电路通常以单片机为核心,结合传感器、信号处理电路、A/D 转换电路、键盘及显示器组成,其硬件结构框图如图 3.1 所示。

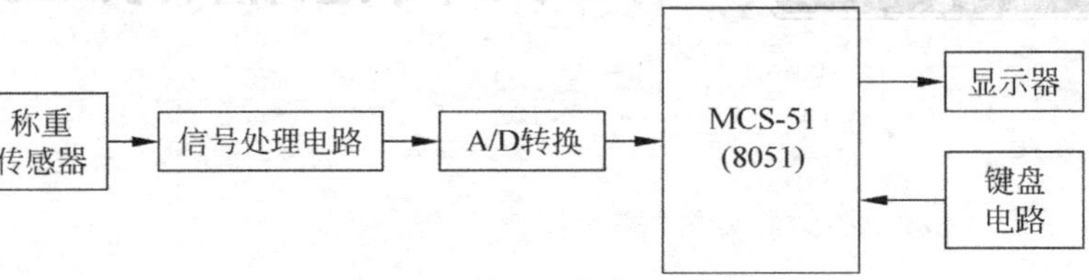

图 3.1　硬件结构框图

系统的基本工作过程是称重传感器将所称物品重量转换成电压信号,经信号处理电路处理成比较高的电压(此电压取决于 A/D 转换器的基准电压),在 MCU 的控制下由 A/D 转换电路转换成数字量送 CPU 进行显示并根据设置的价格计算出总金额。整个系统的重点在于传感器和信号处理部分,其他部分只是为了提高系统的自动化水平及人机交互界面,所以本项目主要讨论传感器及信号处理电路。

传感器是整个系统的重量检测部分,当称重传感器受外力 F 作用时,4 个粘贴在变形较大的部位的电阻应变片将产生形变,其电阻值随之变化。当外载荷改变时,由 4 个电阻应变片组成的电桥输出电压与外加载荷成正比。

三、项目实施

1. 电路原理

简易电子秤电路图如图 3.2 所示。

由图 3.2 可知,电路主要由三部分组成:R_1、R_2、VR_1 及称重传感器组成电桥电路,将被称物的重量转换成与之成一定关系的模拟电压;由 IC_1、IC_2、IC_3 及外围电阻组成的仪表放大电路,将传感器输出的微弱信号放大成足够的电压(伏级);由 IC_4 及外围元件组成调零电路,当传感器不加重物时,IC_4 的输出 U_{out} 为零。

图中 VR_1 完成电桥的平衡调节,主要是防止传感器 4 个桥臂的阻值不完全相等,VR_2 实现仪表放大器的增益调节,VR_3 放大电路调零。

2. 所需材料及准备

金属箔式应变片、±2～±10V(步进可调)直流稳压电源、±15V 直流稳压电源、电压表;应变式传感器实验模板、托盘、砝码。

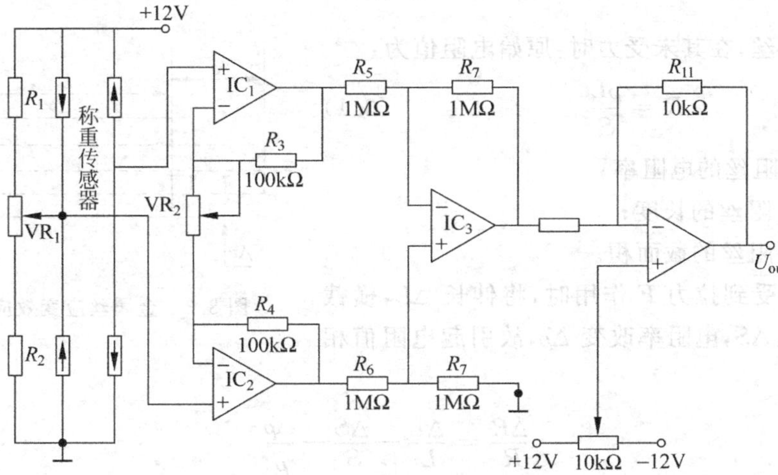

图 3.2　简易电子秤电路图

3. 电路制作

按原理图准备元器件，仪表放大器所用电阻应为高精密电阻。集成运放 IC_1～IC_4 可以使用精密集成运算放大器 OP07；若想简化电路，降低成本，也可以采用 LM358、LM324 之类的多运放 IC。

4. 调试

电路制作完成后，接通电源，将增益调节电阻 VR_2 调至中间位置，然后进行差放调零。增益电位器 VR_3 顺时针调节到中间位置，将差动放大器的正、负输入端与地短接，输出端 OUT 与 10V 的电压表相连，调节电路板上调零电位器 R_{42}，使电压读数为零，关闭电源。将传感器接入电路并接通电源，在不加重物的情况下，调节 VR_1 使电压表读数为零。

在传感器上放 5kg 重物，调节 VR_2，使电压表读数为 5V，至此，电路调试完毕。

因电路的调节元器件比较多，若一次调节不成功，可以进行多次调节，直到正常为止。

> **特别提示：**
>
> 使用的环境若很潮湿，有很多粉尘，则应选择密封形式较好的；若在有爆炸危险的场合，则应选用本质安全型传感器；若在高架称重系统中，则应考虑安全及过载保护；若在高温环境下使用，则应选用有水冷却护套的称重传感器；若在高寒地区使用，则应考虑采用有加温装置的传感器。

5. 知识链接

电阻应变式压力传感器的工作原理是基于应变片的应变效应。所谓应变效应，即导体在外力作用下产生机械变形时，它的电阻值相应发生变化。

1) 应变式压力传感器的基本结构和工作原理

电阻应变式压力传感器主要是基于金属丝的应变效应，金属丝应变效应示意图如

图 3.3 所示。

金属电阻丝,在其未受力时,原始电阻值为:

$$R = \frac{\rho L}{S} \tag{3.1}$$

式中,ρ——电阻丝的电阻率;

L——电阻丝的长度;

S——电阻丝的截面积。

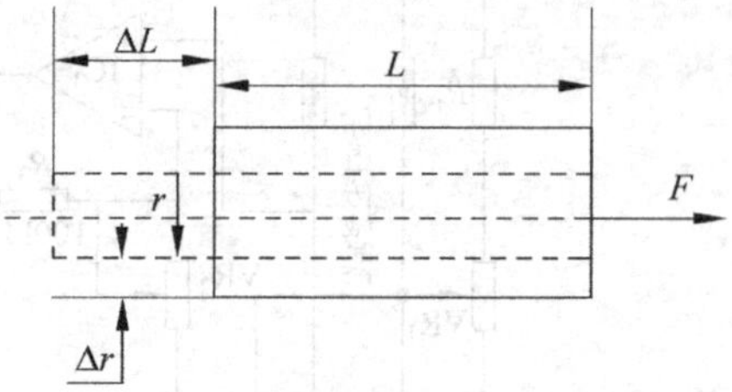

图 3.3 金属丝应变效应示意图

当电阻丝受到拉力 F 作用时,将伸长 ΔL,横截面积相应减小 ΔS,电阻率改变 $\Delta\rho$,故引起电阻值相对变化量为:

$$\frac{\Delta R}{R} = \frac{\Delta L}{L} - \frac{\Delta S}{S} + \frac{\Delta\rho}{\rho} \tag{3.2}$$

式中,$\Delta L/L$ 是长度相对变化量,用金属电阻丝的轴向应变 ε 表示,ε 数值一般很小,表达式为:

$$\varepsilon = \frac{\Delta L}{L} \tag{3.3}$$

$\Delta S/S$ 为圆形电阻丝的截面积相对变化量,即:

$$\frac{\Delta S}{S} = \frac{2\Delta r}{r} \tag{3.4}$$

由材料力学可知,在弹性范围内,金属丝受拉力时,沿轴向伸长,沿径向缩短,那么轴向应变和径向应变的关系可表示为:

$$\frac{\Delta r}{r} = -\mu\frac{\Delta L}{L} = -\mu\varepsilon \tag{3.5}$$

式中,μ——电阻丝材料的泊松比;一般金属 $\mu = 0.3 \sim 0.5$,负号表示应变方向相反。将公式整理得:

$$\frac{\Delta R}{R} = (1 + 2\mu)\varepsilon + \frac{\Delta\rho}{\rho} \tag{3.6}$$

又因为

$$\frac{\Delta\rho}{\rho} = \lambda\sigma = \lambda E\varepsilon \tag{3.7}$$

式中,λ——压阻系数,与材质有关;

ε——试件的应变;

E——试件材料的弹性模量。

所以

$$\frac{\Delta R}{R} = (1 + 2\mu + \lambda E)\varepsilon \tag{3.8}$$

根据上述特点,测量应力或应变时,被测对象产生微小机械变形,应变片随着发生相同的变化,同时应变片电阻值也发生相应变化。当测得应变片电阻值变化量 ΔR 时,便可得到被测对象的应变值。

应力值 σ 正比于应变 ε,而试件应变 ε 正比于电阻值的变化,所以应力 σ 正比于电阻值的变化,这就是利用应变片测量应变的基本原理。

2）应变片的种类

常用的应变片可分为两类：金属电阻应变片和半导体电阻应变片。

（1）金属应变片

金属应变片由敏感栅、基片、覆盖层和引线等部分组成，金属应变片组成示意图如图 3.4 所示。

敏感栅是应变片的核心部分，它粘贴在绝缘的基片上，其上再粘贴起保护作用的覆盖层，两端焊接引出导线。

金属电阻应变片的敏感栅有丝式、箔式和薄膜式三种，其中箔式应用较为广泛。

金属丝式应变片有回线式和短接式两种。丝式应变片制作简单、性能稳定、成本低、易粘贴。回线式应变片因圆弧部分参与变形，横向效应较大；短接式应变片敏感栅平行排列，两端用直径比栅线直径大 5～10 倍的镀银丝短接而成，其优点是克服了横向效应。

箔式应变片由厚度为 0.003～0.01mm 的康铜箔或镍铬箔经光刻、腐蚀工艺制成的栅状箔片。箔式应变片适于大批量生产，可制成多种复杂形状，线条均匀，敏感栅尺寸准确，栅长最小可到 0.2mm；散热好，允许电流大；横向效应、蠕变和机械滞后小，疲劳寿命长；柔性好(可贴于形状复杂的表面)，传递试件应变性能好。目前使用的应变片大多是金属箔式应变片，如图 3.5 所示。

图 3.4 金属应变片组成示意图

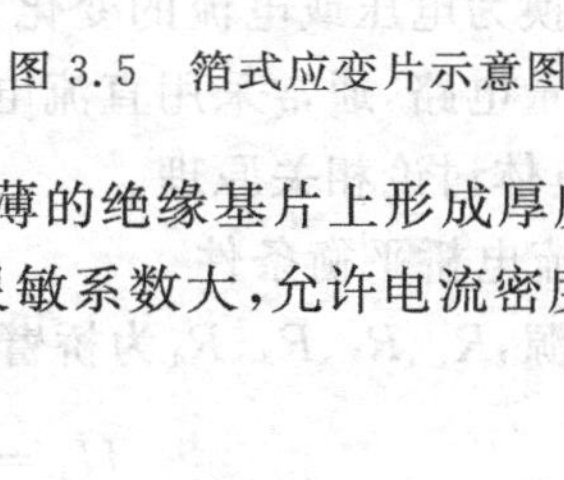

图 3.5 箔式应变片示意图

薄膜式应变片采用真空蒸发或真空沉积等方法，在薄的绝缘基片上形成厚度在 0.1mm 以下的金属电阻材料薄膜的敏感栅。它的优点是应变灵敏系数大，允许电流密度大，工作范围广，可达－197～317℃。

（2）半导体应变片

半导体应变片是用半导体材料制成的，其工作原理是基于半导体材料的压阻效应。所谓压阻效应，是指半导体材料在某一轴向受外力作用时，其电阻率 ρ 发生变化的现象。半导体应变片受轴向力作用时，其电阻相对变化为：

$$\frac{\Delta R}{R}=(1+2\mu)\varepsilon+\frac{\Delta\rho}{\rho}=(1+2\mu+\lambda E)\varepsilon \tag{3.9}$$

实验证明，半导体材料的 λE 比 $(1+2\mu)$ 大上百倍，所以 $(1+2\mu)$ 可以忽略，因而半导体应变片的电阻相对变化为：

$$\frac{\Delta R}{R}=\lambda E\varepsilon \tag{3.10}$$

半导体应变片的突出优点是灵敏度高，比金属式应变片高 50～80 倍，尺寸小，横向效应小,动态响应好。但它有温度系数大,应变时非线性比较严重等缺点。

例 3.1 金属应变片与半导体应变片在工作原理上有何不同?半导体应变片灵敏系数范围是多少?金属应变片灵敏系数范围是多少?

答:金属导体应变片的电阻变化是利用机械形变产生的应变效应,对于半导体而言,应变感器主要是利用半导体材料的压阻效应。金属电阻丝的灵敏系数可近似写为 $k_0 \approx 1+2\mu$ 即 $k_0 \approx 1.5 \sim 2$;半导体灵敏系数近似为 $k_0 \approx (\Delta\rho/\rho)/\varepsilon \approx 50 \sim 100$。

(3) 金属电阻应变片和半导体电阻应变片性能对比

金属电阻应变片和半导体电阻应变片性能对比如表 3.1 所示。

表 3.1 金属电阻应变片和半导体电阻应变片性能对比

<table>
<tr><th>类型</th><th colspan="2">金属应变片</th><th>半导体应变片</th></tr>
<tr><td rowspan="2">工作机理</td><td colspan="2">应变效应</td><td>压阻效应</td></tr>
<tr><td colspan="2">外部的机械形变引起电阻值的变化</td><td>半导体内部载流子的迁移引起的电阻变化</td></tr>
<tr><td rowspan="2">性能特点</td><td>丝式</td><td>结构简单、强度高,但允许通过的电流较小,测量精度较低,适用于测量要求不很高的场合</td><td rowspan="2">体积小,灵敏度高(通常比金属应变片的灵敏度高 50~70 倍),横向效应小,响应频率很宽,输出幅度大,受温度影响大</td></tr>
<tr><td>箔式</td><td>面积大、易散热,允许通过较大的电流,灵敏度系数较高,抗疲劳好,寿命长,适于大批量生产,易于小型化</td></tr>
<tr><td>使用场所</td><td colspan="2">可以测力、测压力、测位移、测加速度</td><td>适用于力矩计、半导体话筒、压力传感器</td></tr>
</table>

课堂讨论:如何根据实际情况选择应变片的种类?

3) 应变式压力传感器的测量电路

由于机械应变一般都很小,要把微小应变引起的微小电阻变化测量出来,同时要把电阻相对变化转换为电压或电流的变化。因此需要有专用测量电路用于测量应变变化而引起电阻变化的测量电路,通常采用直流电桥。电桥电路的主要指标是桥路灵敏度、非线性和负载特性,下面具体讨论相关原理。

(1) 直流电桥平衡条件

E 为电源,R_1、R_2、R_3、R_4 为桥臂电阻,RL 为负载电阻。输出电压为:

$$U_0 = E\left(\frac{R_2}{R_1+R_2} - \frac{R_3}{R_3+R_4}\right) \tag{3.11}$$

当电桥平衡时:

$$R_1R_4 = R_2R_3 \quad 或 \quad \frac{R_1}{R_2} = \frac{R_3}{R_4} \tag{3.12}$$

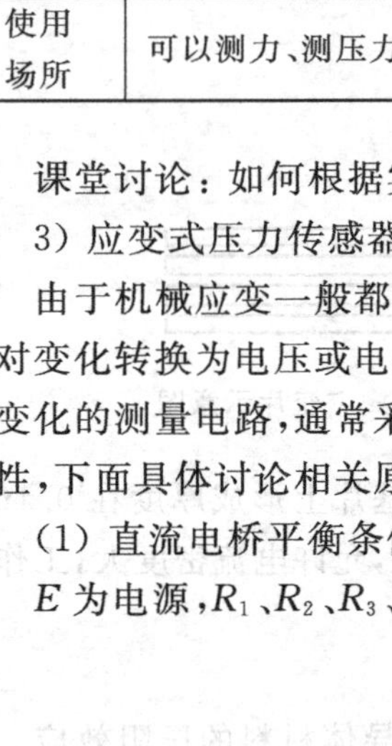

图 3.6 电桥电路图

式(3.12)称为电桥平衡条件。这说明欲使电桥平衡,其相邻两臂电阻的比值应相等,或相对两臂电阻的乘积相等。电桥电路图如图 3.6 所示。

(2) 电压灵敏度

设 R_1 为电阻应变片,R_2、R_3、R_4 为电桥固定电阻,这就构成了单臂电桥。当产生应变时,若应变片电阻变化为 ΔR,其他桥臂固定不变，电桥输出电压 $U\neq 0$，则电桥不平衡输出电压为：

$$U_0 = E\left(\frac{R_1+\Delta R_1}{R_1+\Delta R_1+R_2}-\frac{R_3}{R_3+R_4}\right) = E\frac{\dfrac{R_4}{R_3}\dfrac{\Delta R_1}{R_1}}{\left(1+\dfrac{\Delta R_1}{R_1}+\dfrac{R_2}{R_1}\right)\left(1+\dfrac{R_4}{R_3}\right)} \tag{3.13}$$

设桥臂比 $n=\dfrac{R_2}{R_1}$，由于 $R_1 \gg \Delta R_1$，分母中 $\dfrac{\Delta R_1}{R_1}$ 可忽略，并考虑到平衡条件 $\dfrac{R_1}{R_2}=\dfrac{R_3}{R_4}$，则式(3.13)可写为：

$$U_0 = E\frac{n}{(1+n)^2}\frac{\Delta R_1}{R_1} \tag{3.14}$$

电桥电压灵敏度定义为：

$$K_V = \frac{U_0}{\dfrac{\Delta R_1}{R_1}} = E\frac{n}{(1+n)^2} \tag{3.15}$$

分析式(3.15)可知：

① 电桥电压灵敏度正比于电桥供电电压，供电电压越高，电桥电压灵敏度越高。

② 电桥电压灵敏度是桥臂电阻比值 n 的函数，应恰当地选择桥臂比 n 的值，保证电桥具有较高的电压灵敏度。

当

$$\frac{\mathrm{d}K_V}{\mathrm{d}n} = 0 \tag{3.16}$$

K_V 为最大值。这就是说，在电桥电压确定后，当

$$\frac{\mathrm{d}K_V}{\mathrm{d}n} = \frac{1-n^2}{(1+n)^3} = 0 \tag{3.17}$$

电桥电压灵敏度最高，此时有：

$$U_0 = \frac{E}{4}\cdot\frac{\Delta R_1}{R} \tag{3.18}$$

$$K_V = \frac{E}{4} \tag{3.19}$$

从上述可知，当电源电压和电阻相对变化量一定时，电桥的输出电压及其灵敏度也是定值，且与各桥臂电阻阻值大小无关。

(3) 非线性误差及其补偿方法

求出的输出电压因略去分母中的 $\dfrac{\Delta R_1}{R_1}$ 项而得出的是理想值，实际值计算为：

$$U_0' = E\frac{n\dfrac{\Delta R_1}{R_1}}{\left(1+n+\dfrac{\Delta R_1}{R_1}\right)(1+n)} \tag{3.20}$$

U' 与 $\dfrac{\Delta R_1}{R_1}$ 的关系为非线性，非线性误差为：

$$\gamma_L = \frac{U_0 - U_0'}{U_0} = \frac{\dfrac{\Delta R_1}{R_1}}{1 + n + \dfrac{\Delta R_1}{R_1}} \tag{3.21}$$

如果是四等臂电桥,即 $R_1 = R_2 = R_3 = R_4$,则

$$\gamma_L = \frac{\dfrac{\Delta R_1}{2R_1}}{1 + \dfrac{\Delta R_1}{2R_1}} \tag{3.22}$$

对于一般应变片来说,所受应变通常在 5×10^{-3} 以下,若取应变片灵敏系数为 2,则 $\frac{\Delta R_1}{R_1} = k\varepsilon = 0.01$,代入式(3.22)计算得非线性误差为 0.5%;若 $k=130$,$\varepsilon = 1\times10^{-3}$ 时,$\frac{\Delta R_1}{R_1} = 0.13$,则得到非线性误差为 6%,故当非线性误差不能满足测量要求时,必须予以消除。

为了减小和克服非线性误差,常采用差动电桥。差动电路示意图如图 3.7 所示。

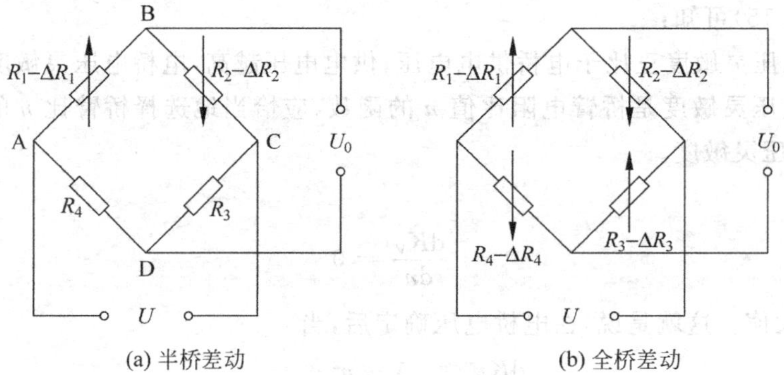

图 3.7　差动电路示意图

在试件上安装两个工作应变片,一个受拉应变,一个受压应变,接入电桥相邻桥臂,称为半桥差动电路。半桥差动电路输出电压为:

$$U_0 = E\left(\frac{\Delta R_1 + R_1}{\Delta R_1 + R_1 + R_2 - \Delta R_2} - \frac{R_3}{R_3 + R_4}\right) \tag{3.23}$$

若 $\Delta R_1 = \Delta R_2$,$R_1 = R_2$,$R_3 = R_4$,则得:

$$U_0 = \frac{E}{2}\cdot\frac{\Delta R_1}{R_1} \tag{3.24}$$

所以 U_0 与 $\frac{\Delta R_1}{R_1}$ 呈线性关系,差动电桥无非线性误差,而且电桥电压灵敏度比单臂工作时提高一倍。

若将电桥四臂接入 4 片应变片,如图 3.7(b)所示,即两个受拉应变,两个受压应变,将两个应变符号相同的接入相对桥臂上,构成全桥差动电路,若 $\Delta R_1 = \Delta R_2 = \Delta R_3 = \Delta R_4$,且 $R_1 = R_2 = R_3 = R_4$,则:

$$U_0 = E\frac{\Delta R_1}{R_1} \tag{3.25}$$

$$K_v = E \tag{3.26}$$

此时全桥差动电路不仅没有非线性误差，而且电压灵敏度是单片的 4 倍。

(4) 测量电路设计注意事项

当增大电桥供电电压时，虽然会使输出电压增大，放大电路本身的漂移和噪声相对减少，但电源电压或电流的增大，会造成应变片的发热，从而造成测量误差，甚至是应变传感器的损坏，故一般电桥电压的设计应低于 6V。

其次，由于应变片阻值的分散性，即使应变片处于无压的状态，电桥仍然会有电压输出，故电桥应设计调零电路。

再次，由于应变片受温度的影响，应考虑温度补偿电路。

例 3.2 金属应变片粘贴在弹性试件上，构成一种传感器。弹性试件受力产生应变 ε，使金属应变片的电阻产生相对变化量 $\Delta R/R$，设该金属应变片灵敏度为 K，写出传感器特性公式，并指出传感器的输入量、输出量，说明属于何种物理量。

答：传感器特性公式为：

$$\frac{\Delta R}{R} = K\varepsilon$$

输入量为机械应变量，属于机械位移量；输出量为电阻相对变化量，属于电参量。

课堂讨论：如何根据实际情况选取测量电路？

4) 应变式传感器的温度误差

当测量现场环境温度变化时，由于敏感栅温度系数及栅丝与试件膨胀系数的差异性而给测量带来的附加误差，称为应变片的温度误差。

下面对应变片温度误差产生的主要因素进行分析。

(1) 电阻温度系数的影响

敏感栅的电阻丝阻值随温度变化的关系可用下式表示：

$$R_t = R_0(1+\alpha\Delta t) \tag{3.27}$$

式中，R_t——温度为 t℃时的电阻值；

R_0——温度为 t_0℃时的电阻值；

α——金属丝的电阻温度系数；

Δt——温度变化值，$\Delta t = t - t_0$。

当温度变化 Δt 时，电阻丝电阻的变化值为：

$$\Delta R_t = R_t - R_0 = R_0\alpha\Delta t \tag{3.28}$$

(2) 试件材料和电阻丝材料的线膨胀系数的影响

当试件与电阻丝材料的线膨胀系数相同时，不论环境温度如何变化，电阻丝的变形仍和自由状态一样，不会产生附加变形。

当试件和电阻丝线膨胀系数不同时，由于环境温度的变化，电阻丝会产生附加变形，从而产生附加电阻。

设电阻丝和试件在温度为 0℃时的长度均为 L_0，它们的线膨胀系数分别为 β_s 和 β_g，若两者不粘贴，则它们的长度分别为：

$$L_s = L_0(1+\beta_s\Delta t)$$

$$L_g = L_0(1+\beta_g\Delta t) \tag{3.29}$$

当二者粘贴在一起时，电阻丝产生的附加变形为：

$$\Delta L = L_g - L_s = (\beta_g - \beta_s)L_0\Delta t \tag{3.30}$$

附加应变为：

$$\varepsilon_\beta = \frac{\Delta L}{L_0} = (\beta_g - \beta_s)\Delta t \tag{3.31}$$

附加电阻变化为：

$$\Delta R_\beta = k_0 R_0 \varepsilon_\beta = k_0 R_0(\beta_g - \beta_s)\Delta t \tag{3.32}$$

由上面几个式子可得由于温度变化而引起应变片总电阻的相对变化量为：

$$\begin{aligned}\frac{\Delta R}{R_0} &= \frac{\Delta R_t + \Delta R_\beta}{R_0}\\ &= \alpha_0\Delta t + k_0(\beta_g - \beta_s)\Delta t\\ &= [\alpha_0 + k_0(\beta_g - \beta_s)]\Delta t\\ &= \alpha\Delta t\end{aligned} \tag{3.33}$$

折合成附加应变量有：

$$\varepsilon_t = \frac{\frac{\Delta R}{R_0}}{k_0} = \left[\frac{\alpha_0}{k_0} + (\beta_g - \beta_S)\right]\Delta t = \frac{\alpha_0}{k_0}\Delta t \tag{3.34}$$

例 3.3 金属电阻应变片在使用时，为什么会产生温度误差？

答：一般金属电阻应变片具有正温度系数，其电阻值与温度关系为：

$$R_t = R_0(1+\alpha\Delta t)$$

其中：R_t——温度升高到 t℃时的电阻值；

R_0——温度未升高时的电阻值；

Δt——温度的变化值，℃；

α——电阻丝的电阻温度系数，表示单位温度变化引起的电阻相对变化，1/℃。

由于电阻会随环境温度升高而增大，会给予应变相对应的电阻测量造成误差。

5) 电阻应变片的温度补偿方法

电阻应变片的温度补偿方法通常有线路补偿法和应变片自补偿两大类。

(1) 线路补偿法

电桥补偿是最常用的且效果较好的线路补偿法，电桥补偿原理图如图 3.8 所示。

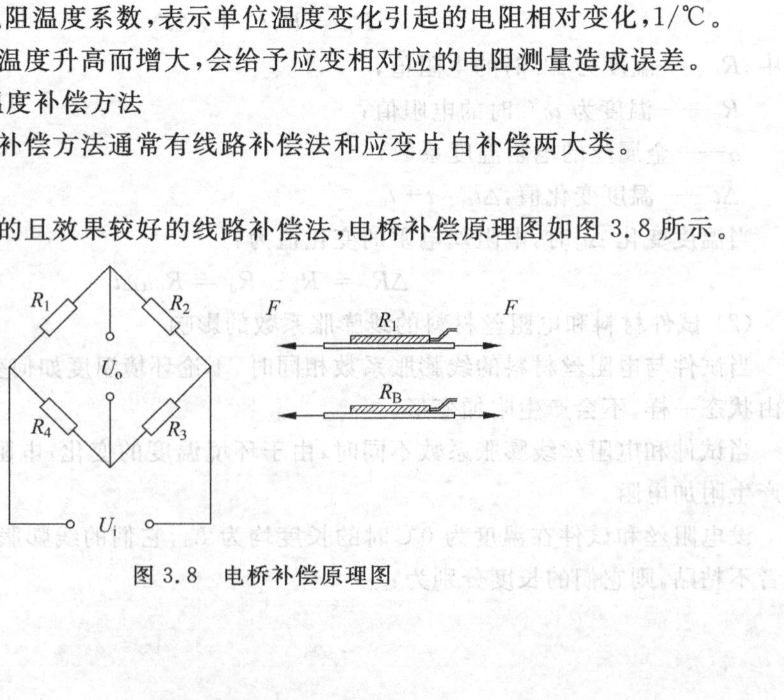

图 3.8 电桥补偿原理图

电桥输出电压与桥臂参数的关系为：

$$U_0 = A(R_1R_4 - R_BR_3) \tag{3.35}$$

式中，A——由桥臂电阻和电源电压决定的常数；

R_1——工作应变片；

R_B——补偿应变片(应和 R_1 特性相同)。

当 R_3 和 R_4 为常数时，R_1 和 R_B 对电桥输出电压的作用方向相反。利用这一基本关系可实现对温度的补偿。

测量应变时，工作应变片 R_1 粘贴在被测试件表面上，补偿应变片 R_B 粘贴在与被测试件材料完全相同的补偿块上，且仅工作应变片承受应变。

工程上，一般按 $R_1 = R_2 = R_3 = R_4$ 选取桥臂电阻。当温度升高或降低 $\Delta t = t - t_0$ 时，两个应变片因温度而引起的电阻变化量相等，电桥仍处于平衡状态。

应当指出，若实现完全补偿，上述分析过程必须满足 4 个条件：第一，在应变片工作过程中，保证 $R_3 = R_4$；第二，R_1 和 R_B 两个应变片应具有相同的电阻温度系数 α，线膨胀系数 β，应变灵敏度系数 k 和初始电阻值 R_0；第三，粘贴补偿片的补偿块材料和粘贴工作片的被测试件材料必须一样，两者线膨胀系数相同；第四，两应变片应处于同一温度场。

(2) 应变片的自补偿法

这种温度补偿法是利用自身具有温度补偿作用的应变片，称之为温度自补偿应变片。温度自补偿应变片的工作原理可由下式得出，要实现温度自补偿，必须考虑以下条件。

电阻温度系数引起的应变误差：

$$\frac{\Delta R_t}{R_0} = \alpha \Delta t = K\varepsilon_t$$

$$\varepsilon_t = \frac{\alpha \Delta t}{K} \tag{3.36}$$

线膨胀系数引起的应变误差：

$$\frac{\Delta L}{L_0} = \frac{\beta_g - \beta_s}{\Delta t} = \varepsilon_t \tag{3.37}$$

应使

$$\varepsilon_t = \frac{\alpha \Delta t}{K} + \frac{\beta_g - \beta_s}{\Delta t} = 0$$

则

$$\alpha = -K(\beta_g - \beta_s)$$

上式表明，当被测试件的线膨胀系数 β_g 已知时，如果合理选择敏感栅材料，使上式成立，则不论温度如何变化，均可达到温度自补偿的目的。这种补偿方法简便实用，在精度要求不高时可用，但存在缺陷，即一种应变片只能在同一种材料上使用，局限性大。

四、项目总结

通过本项目的学习，应掌握如下知识重点：①电阻应变片组成、结构等基本特性；②电阻压力传感器的工作原理；③各种桥式电路的特点以及电路补偿原理。

通过本项目的学习，应掌握如下实践技能：①能正确分析、制作与调试压力传感器应用电路；②掌握压力传感器的工作原理、选型。

项目2 LED显示排压力计设计

一、项目目标

根据压力传感器的相关知识，设计一压力传感器检测装置，进一步巩固所学知识，学会电路的调试。

利用压力传感器设计一压力检测电路，检测汽车油箱设计一种具有10个发光二极管的显示排，压力显示的分辨率大概为满量程的1/10，全部信号为模拟信号，经放大器放大后输出为4V。

二、项目分析

在无线电收音机或收录机中常用LED(发光二极管)排来显示接收到的或播放的音频信号大小。在工业生产中也常用LED排，配合压力传感器的压力测定，来粗略显示压力的大小，如储油罐或汽车油箱的油量显示。

只要利用压力传感器将压力转换成电压信号，经放大电路放大后送至电压比较器，根据电压大小分别驱动LED排上的发光二极管，发亮的LED个数就表示被测压力的量值。当LED排上发光二极管全部都亮时，就代表压力的满量程值。

三、项目实施

1. 电路原理

LED显示排压力计电路可以分为三部分：①压力传感器和信号处理部分；②参照电压和比较器；③发光二极管显示排。

1) 压力传感器和信号处理部分

压力传感器应用电路图如图3.9所示。

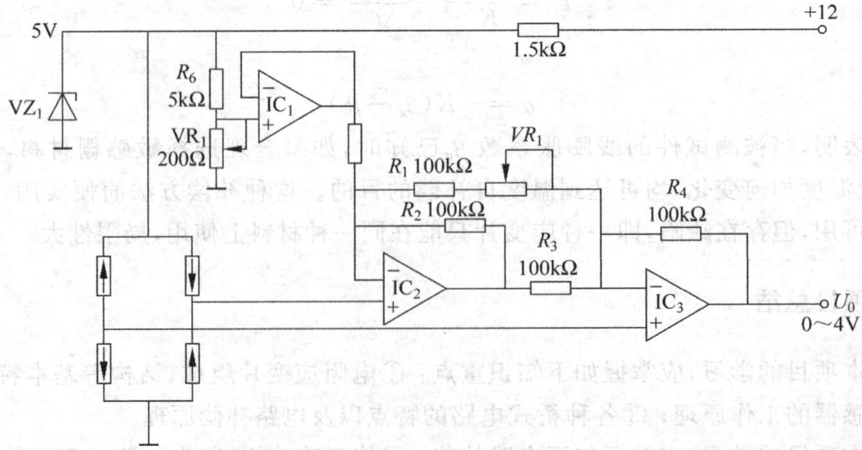

图3.9 压力传感器应用电路图

图中，IC_1为电压跟随器，用于电路调零。IC_2、IC_3为二级双运放放大电路，整个电路的输出V_0与输入关系为：

$$V_0=\frac{R_4}{R_3}\left(1+\frac{1}{2}\left(\frac{R_2}{R_1}+\frac{R_3}{R_4}\right)+\frac{R_2+R_3}{R_G}\right)V_d+\frac{R_4}{R_3}\left(\frac{R_3}{R_4}-\frac{R_2}{R_1}\right)V_{cm}+V_R \tag{3.38}$$

式中，V_d为差模输入电压（传感器的输出）；V_{cm}为共模输入电压（≈传感器输出对地电压）；V_R为电平移动，可由式(3.39)求的：

$$V_R=\frac{R_5}{R_5+R_6}\left(\frac{R_4}{R_3}\frac{R_2}{R_1}\right)5=200\left(\frac{R_4}{R_3}\frac{R_2}{R_1}\right) \tag{3.39}$$

IC_1构成电压跟随器，完成零点电压调整。压力传感器在5V恒压激励下，零点输出调整到±2mV。经一级运放后被放大为±160mV。为了消除零点电压的影响，防止V_0出现负值（当零点被放大为−160mV时），必须使V_0电平向上移动200mV（即200−160=40），并留有40mV的余量，分压器VR_1和R_6的分压点电位V_R：

$$V_R=\frac{200}{5000+200}\times 5\cong 200\text{mV}$$

输入给电压跟随器IC_1的正端，使V_0电平向上移200mV。

为了抑制共模输入电压V_{cm}的影响，要求$R_3/R_4=R_2/R_1$，R_3、R_4、R_2、R_1都采用100kΩ电阻。这样，电平移动$V_R=200$mV。放大器IC_1起电压跟随器的作用，将分压器的电压分压值$V_R=200$mV输入给放大器IC_2，因为放大电路的增益AW=V_0/VH=80，由上面表达式可以解出增益调整电阻RG。

RG=200kΩ/(80−2)=2.56kΩ 调整RG的阻值，使传感器满量程输出电压达到4V。

2）电压比较器和LED显示排电路

电压比较器和LED显示排电路连接图如图3.10所示。

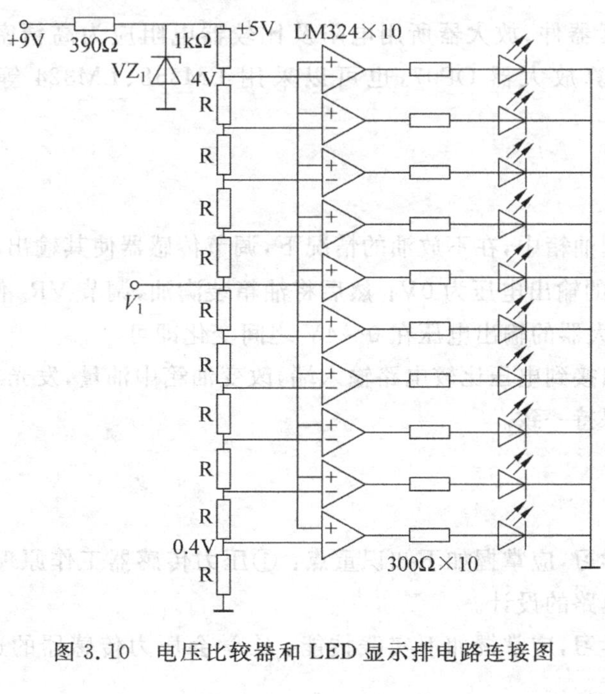

图3.10　电压比较器和LED显示排电路连接图

电压比较电路主要由串联电阻分压器和放大器所组成，分压器两端用恒压5V供电，各分压点电平由0～5V按电阻值比例分配。设分压点的电平为V_{ci}($i=1\sim10$)，并联到各放大器的负端。再将传感器放大电路的输出端V_0并联到各放大器的正端，V_0代表被测电压的大小，满量程输出为(4+0.2)V。这样V_0便可与串联电阻的分压点电平V_{ci}相比较，当V_0大于V_{ci}，即放大器的正端电平高于其负端电平，放大器便有电流流出。也就是说LED排的第i个以下的发光二极管全亮，被测电压达到i挡。压力每开高0.1MPa，就会多一个发光二极管点亮，传感器的灵敏度为10mv/V/MPa。传感器用5V恒压供电，放大倍数为80倍，则每0.1MPa挡的输出电平差为400mV。电平比较器的串联总电阻为5000Ω，用5V恒压供电时，流过的电流为1mA。这样取分压电阻$R=400\Omega$，其上电压降为400mV，也就是说参照比较电平的间隔挡为400mV，当被监视压力为0.1MPa时，放大器输出为零点输出(360～40mV)+400mV=760～440mV。取第一级分压电阻$R=400\Omega$，分压点电平为0.4V，此时第一个发光二极管便亮，其他的发光二极管不亮。当压力达到满量程1MPa时，放大器输出为(360～40mV)+400mV×10=4.36～4.04V。取最上面的分压电阻1000Ω，最上面的$i=10$的分压点电平为4V。放大电路输出电平高于4V，因此10个发光二极管全亮，这就代表满量程压力。当被监视压力逐渐增加时，压力传感器的输出逐渐增加，与比较器各级电平相比较后，运算放大器逐一开始工作。每当压力增加0.1MPa，便逐一增加一个发亮的LED，根据最高位发亮的LED位置便可迅速判断被监视压力值的挡。

2. 所需材料及设备

应变片压力传感器、电源跟随器、运算放大电路、发光二极管、限流电阻、直流电源。

3. 电路制作

按原理图准备元器件，放大器所用电阻及比较器电阻应为高精密电阻。集成运放可以采用精密集成运算放大器OP07，也可以采用LM358、LM324等多运放IC，以简化电路。

4. 调试

将传感器安装到油箱中，在不放油的情况下，调节传感器使其输出电压为2mV，此时调节VR_1，使放大电路的输出电压为0V；然后将油箱装满油，调节VR_2使放大器输出为4V，反复调节几次，使放大器的输出电压在0～4V之间变化即可。

将放大器的输出接到电压比较电路输入端，改变油箱中油量，发光二极管的点亮的数量应与油箱中的油量保持一致。

四、项目总结

通过本项目的学习，应掌握如下知识重点：①压力传感器工作原理；②放大电路知识；③压力传感器应用电路的设计。

通过本项目的学习，应掌握如下实践技能：①学会压力传感器的选用；②掌握压力传感器应用电路的调试。

项目3　压力变送器在恒压供水系统中的应用

一、项目目标

熟悉压力变送器的基本组成，知道压力变送器输出信号的种类，学会压力变送器的选用原则及安装方法。

通过压力变送器在恒压供水系统中的应用，知道其在整个系统中的作用，知道其安装方法。

二、项目分析

恒压供水是指在城市自来水或单位供水管网中，不管在什么时候，不管用户用水量的大小，总能保持管网中水压的基本恒定。

随着可编程控制器(PLC)和变频调速装置的广泛使用，目前，恒压供水系统主要由PC、PLC、变频器、电机(一般为三台)、水泵及压力变送器组成。根据用户在不同时间段的用水量，由PC将压力值送给PLC，PLC根据压力变送器检测到的实际水压，控制变频器控制电机的运转速度及启动电机的数量，实现供水压力的闭环控制，在管网流量变化时能达到稳定供水压力和节约电能的目的，恒压供水系统硬件框图如图3.11所示。

在供水系统中，担负压力检测任务的是压力传感器。在实际应用中，通常是将压力传感器、信号处理电路等部件做成一体，构成压力变送器，从而简化应用系统的复杂程序，给用户带来方便，TPT503恒压供水压力传感器外观图如图3.12所示。

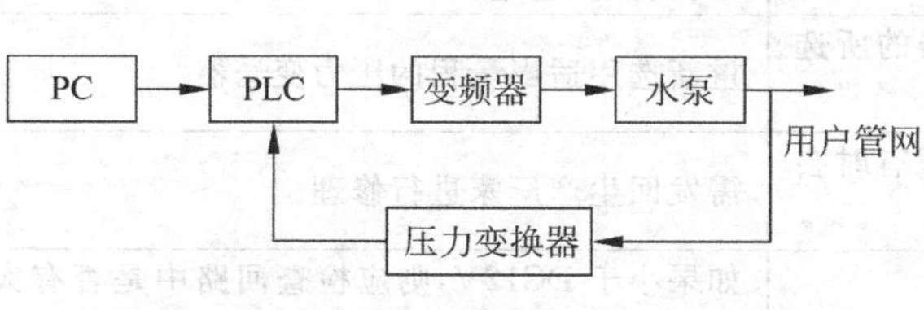

图3.11　恒压供水系统硬件框图

图3.12　TPT503恒压供水压力传感器

三、项目实施

1. 压力传感器的安装

压力变送器的安装主要有法兰连接、螺纹连接和焊接连接三种。法兰连接密封性能好、拆卸方便；螺纹连接一般用于小口径的给水和采暖管道的安装；在不得已的情况下，采用焊接连接，其密封性最好，但检修不方便。

2. 问题及解决办法

压力传感器在安装调试过程中可能出现的问题及解决办法如表3.2所示。

表 3.2 压力变送器在安装调试过程中可能出现的问题及解决办法

问题现象	检查与测试	解决办法
变送器无输出	1. 查看变送器电源是否接反	把电源极性接正确
	2. 测量变送器的供电电源,是否有 24V 直流电压	必须保证供给变送器的电源电压≥12V(即变送器电源输入端电压≥12V)。如果没有电源,则应检查回路是否断线、检测仪表是否选取错误(输入阻抗应≤250Ω);等等
	3. 如果是带表头的,检查表头是否损坏(可以先将表头的两根线短路,如果短路后正常,则说明是表头损坏)	表头损坏的则需另换表头
	4. 将电流表串入 24V 电源回路中,检查电流是否正常	如果正常则说明变送器正常,此时应检查回路中其他仪表是否正常
	5. 电源是否接在变送器电源输入端	把电源线接在电源接线端子上
变送器输出≥20mA	1. 变送器电源是否正常	如果小于 DC12V,则应检查回路中是否有大的负载,变送器负载的输入阻抗应符合 RL≤(变送器供电电压−12V)/(0.02A)Ω
	2. 实际压力是否超过压力变送器的所选量程	重新选用适当量程的压力变送器
	3. 压力传感器是否损坏,严重的过载有时会损坏隔离膜片	需发回生产厂家进行修理
	4. 接线是否松动	接好线并拧紧
	5. 电源线接线是否正确	电源线应接在相应的接线柱上
变送器输出≤4mA	1. 变送器电源是否正常	如果小于 DC12V,则应检查回路中是否有大的负载,变送器负载的输入阻抗应符合 RL≤(变送器供电电压−12V)/(0.02A)Ω
	2. 实际压力是否超过压力变送器的所选量程	重新选用适当量程的压力变送器
	压力传感器是否损坏,严重的过载有时会损坏隔离膜片	需发回生产厂家进行修理
压力指示不正确	1. 变送器电源是否正常	如果小于 DC12V,则应检查回路中是否有大的负载,变送器负载的输入阻抗应符合 RL≤(变送器供电电压−12V)/(0.02A)Ω
	2. 参照的压力值是否一定正确	如果参照压力表的精度低,则需另换精度较高的压力表
	3. 压力指示仪表的量程是否与压力变送器的量程一致	压力指示仪表的量程必须与压力变送器的量程一致
	4. 压力指示仪表的输入与相应的接线是否正确	压力指示仪表的输入是 4~20mA 的,则变送器输出信号可直接接入;如果压力指示仪表的输入是 1~5V 的,则必须在压力指示仪表的输入端并接一个精度在千分之一及以上、阻值为 250Ω 的电阻,然后再接入变送器的输入

续表

问题现象	检查与测试	解 决 办 法
压力指示不正确	5. 变送器负载的输入阻抗应符合 RL≤(变送器供电电压－12V)/(0.02A)Ω	如不符合则根据其不同可采取相应措施：如升高供电电压(但必须低于 DC36V)、减小负载等
	6. 多点纸记录仪没有记录时输入端是否开路	如果开路则：①不能再带其他负载；②改用其他没有记录时输入阻抗≤250Ω 的记录仪
	7. 相应的设备外壳是否接地	设备外壳接地
	8. 是否与交流电源及其他电源分开走线	与交流电源及其他电源分开走线
	9. 压力传感器是否损坏，严重的过载有时会损坏隔离膜片	需发回生产厂家进行修理
	10. 管路内是否有沙子、杂质等堵塞管道，有杂质时会使测量精度受到影响	需清理杂质，并在压力接口前加过滤网
	11. 管路的温度是否过高，压力传感器的使用温度是－25～85℃，但实际使用时最好在－20～70℃以内	加缓冲管以散热，使用前最好在缓冲管内先加些冷水，以防过热蒸汽直接冲击传感器，从而损坏传感器

3. 知识链接

压力传感器在选用的过程中，主要考虑以下几点。

1）接液介质的种类

考虑压力变送器所测量的介质，一般的压力变送器的接触介质部分的材质采用的是316 不锈钢，如果被测量介质对 316 不锈钢没有腐蚀性，那么基本上所有的压力变送器都适合对介质压力的测量。

如果介质对 316 不锈钢有腐蚀性，那么就要采用化学密封，这样不但可以测量介质的压力，也可以有效地阻止介质与压力变送器的接液部分的接触，从而起到保护压力变送器，延长压力变送器的寿命的作用。

2）精度等级

每一种电子式的测量计都会有精度误差，但是由于各个国家所标的精度等级是不一样的，比如，中国和美国等国家标的精度是传感器在线性度最好的部分，也就是通常所说的测量范围的 10%～90%之间的精度；而欧洲标的精度则是线性度最不好的部分，也就是通常所说的测量反的 0～10%以及 90%～100%之间的精度。如欧洲标的精度为 1%，则在中国标的精度就为 0.5%。

3）量程范围

一般传感器测量的最大范围为传感器的满量程 70%是最好的，也就是现在要测量70bar 的压力，压力变送器的量程应该选 100bar。

4）输出信号

目前由于各种采集的需要，现在市场上压力变送器的输出信号有很多种，主要为 4～20mA，0～20mA，0～10V，0～5V 等，但比较常用的是 4～20mA 和 0～10V 两种。对于这 4

种输出优良品种中,只有4～20mA为两线制(这里所说的输出为几线制不包含接地或屏蔽线),其他的均为三线制。

5) 介质温度

由于压力变送器的信号是通过电子线路部分转换的,所以一般情况下,压力变送器的测量介质温度为－30～＋100℃。如果温度过高,一般采用的是冷凝弯来冷却介质,这样相对让厂家特地生产一个耐高温的压力变送器的成本会降低很多。

6) 测量介质

一般测量的是相对比较清洁的流体,就直接采用标准的压力变送器就可以了,如果所测量的介质是易结晶的或黏稠的,一般采用的是外置膜片的或和化学密封共同使用,这样会有效地阻止介质堵住压力测量孔。

7) 其他

确定上面的参数之后还要确认压力变送器的过程连接接口以及压力变送器的供电电压;如果在特殊的场合下使用还要考虑防爆以及防护等级。

四、项目总结

通过本项目的学习,应掌握如下知识重点:①压力变送器的概念;②压力变送器与压力传感器的区别;③压力变送器的特性及使用注意事项。

通过本项目的学习,应掌握如下实践技能:①根据需要选择合适的压力变送器;②压力变送器的安装与调试。

阅读材料1　压力传感器的现状及发展状况

传感器技术是现代测量和自动化系统的重要技术之一,从宇宙开发到海底探秘,从生产的过程控制到现代文明生活,几乎每一项技术都离不开传感器,因此许多国家对传感器技术的发展十分重视,如日本把传感器技术列为6大核心技术(计算机、通信、激光、半导体、超导体和传感器)之一。在各类传感器中,压力传感器具有体积小、重量轻、灵敏度高、稳定可靠、成本低、便于集成化的优点,可广泛用于压力、高度、加速度、液体的流量、流速、液位、压强的测量与控制。除此以外,还广泛应用于水利、地质、气象、化工、医疗卫生等方面。由于该技术是平面工艺与立体加工相结合,又便于集成化,所以可用来制成血压计、风速计、水速计、压力表、电子秤以及自动报警装置等。压力传感器已成为各类传感器中技术最成熟、性能最稳定、性价比最高的一类传感器。因此对于从事现代测量与自动控制专业的技术人员必须了解和熟识国内外压力传感器的研究现状和发展趋势。

1. 压力传感器的发展历程

现代压力传感器以半导体传感器的发明为标志,而半导体传感器的发展可以分为4个阶段。

(1) 发明阶段(1945—1960):这个阶段主要是以1947年双极性晶体管的发明为标志。此后,半导体材料的这一特性得到较广泛应用。史密斯(C. S. Smith)于1945年发现了硅与锗的压阻效应，即当有外力作用于半导体材料时，其电阻将明显发生变化。依据此原理制成的压力传感器是把应变电阻片粘在金属薄膜上，即将力信号转化为电信号进行测量。此阶段最小尺寸大约为1cm。

(2) 技术发展阶段(1960—1970)：随着硅扩散技术的发展，技术人员在硅的(001)或(110)晶面选择合适的晶向，直接把应变电阻扩散在晶面上，然后在背面加工成凹形，形成较薄的硅弹性膜片，称为硅杯。这种形式的硅杯传感器具有体积小、重量轻、灵敏度高、稳定性好、成本低、便于集成化的优点，实现了金属-硅共晶体，为商业化发展提供了可能。

(3) 商业化集成加工阶段(1970—1980)：在硅杯扩散理论的基础上应用了硅的各向异性的腐蚀技术，扩散硅传感器的加工工艺以硅的各向异性腐蚀技术为主，发展成为可以自动控制硅膜厚度的硅各向异性加工技术，主要有V形槽法、浓硼自动中止法、阳极氧化法自动中止法和微机控制自动中止法。由于可以在多个表面同时进行腐蚀，数千个硅压力膜可以同时生产，实现了集成化的工厂加工模式，成本进一步降低。

(4) 微机械加工阶段(1980—今)：20世纪末出现的纳米技术，使得微机械加工工艺成为可能。通过微机械加工工艺可以由计算机控制加工出结构型的压力传感器，其线度可以控制在微米级范围内。利用这一技术可以加工、蚀刻微米级的沟、条、膜，使得压力传感器进入了微米阶段。

2. 压力传感器国内外研究现状

从世界范围看，压力传感器的发展动向主要有以下几个方向。

1) 光纤压力传感器

这是一类研究成果较多的传感器，但投入实际领域的并不是太多。它的工作原理是利用敏感元件受压力作用时的形变与反射光强度相关的特性，由硅框和金铬薄膜组成的膜片结构中间夹了一个硅光纤挡板，在有压力的情况下，光线通过挡板的过程中会发生强度的改变，通过检测这个微小的改变量，就能测得压力的大小。这种敏感元件已被应用于临床医学，用来测扩张冠状动脉导管气球内的压力。可预见这种压力传感器在显微外科方面一定会有良好的发展前景。同时，在加工与健康保健方面，光纤传感器也在快速发展。

2) 电容式真空压力传感器

E+H公司的电容式压力传感器是由一块基片和厚度为0.8～2.8mm的氧化铝(Al_2O_3)构成，其间用一个自熔焊接圆环钎焊在一起。该环具有隔离作用，不需要温度补偿，可以保持长期测量的可靠性和持久的精度。测量方法采用电容原理，基片上一电容CP位于位移最大的膜片的中央，而另一参考电容CR位于膜片的边缘，由于边缘很难产生位移，电容值不发生变化，CP的变化则与施加的压力变化有关，膜片的位移和压力之间的关系是线性的。遇到过载时，膜片贴在基片上不会被破坏，无负载时会立刻返回原位无任何滞后，过载量可以达到100%，即使是破坏也不会泄漏任何污染介质。因此具有广泛的应用前景。

3) 耐高温压力传感器

新型半导体材料碳化硅(SiC)的出现使得单晶体的高温传感器的制作成为可能。

Rober. S. Okojie 报道了一种运行试验达 500℃的 α(6H) SiC 压力传感器。实验结果表明，在输入电压为 5V，被测压力为 6.9MPa 的条件下，23 500℃时的满量程输出为 44.66～20.03mV，满量程线度为 20.17%，迟滞为 0.17%在 500℃条件下运行 10h，性能基本不变；在 100℃和 500℃两点的应变温度系数(TCGF)，分别为 20.19%/℃和－0.11%/℃。这种传感器的主要优点是 PN 结泄漏电流很小，没有热匹配问题以及升温不产生塑性变形，可以批量加工。Ziermann，Rene 报道了使用单晶体 n 型 β-SiC 材料制成的压力传感器，这种压力传感器工作温度可达 573K，耐辐射。在室温下，此压力传感器的灵敏度为 20.2μV/VkPa。

4）硅微机械加工传感器

在微机械加工技术逐渐完善的今天，硅微机械传感器在汽车工业中的应用越来越多。而随着微机械传感器的体积越来越小，线度可以达到 1～2mm，可以放置在人体的重要器官中进行数据的采集。Hachol，Andrzej 和 Dziuban，Jan Bochenek 报道了一种可以用于测量眼球的眼压计，其膜片直径为 1mm。在内眼压为 60mmHg 时，静态输出为 40mV，灵敏度系数比较高。

5）具有自测试功能的压力传感器

为了降低调试与运行成本，Dirk De Bruyker 等人报道了一种具有自测试功能的压阻、电容双元件传感器，它的自测试功能是根据热驱动原理进行的，该传感器尺寸为 1.2mm×3mm×0.5mm，适用于生物医学领域。

6）多维力传感器

六维力传感器的研究和应用是多维力传感器研究的热点，现在国际上只有美、日等少数国家可以生产。我国北京理工大学在跟踪国外发展的基础上，又开创性地研制出组合有压电层的柔软光学阵列触觉，阵列密度为 2438tactels/cm^2，力灵敏 1g，结构柔性很好，能抓握和识别鸡蛋和钢球，现已用于机器人分选物品。

3. 压力传感器的发展趋势

当今世界各国压力传感器的研究领域十分广泛，几乎渗透到了各行各业，但归纳起来主要有以下几个趋势。

(1) 小型化目前市场对小型压力传感器的需求越来越大，这种小型传感器可以工作在极端恶劣的环境下，并且只需要很少的保养和维护，对周围的环境影响也很小，可以放置在人体的各个重要器官中收集资料，不影响人的正常生活。如美国 Entran 公司生产的量程为 2～500PSI 的传感器，直径仅为 1.27mm，可以放置在人体的血管中而不会对血液的流通产生大的影响。

(2) 集成化压力传感器已经越来越多地与其他测量用传感器集成以形成测量和控制系统。集成系统在过程控制和工厂自动化中可提高操作速度和效率。

(3) 智能化由于集成化的出现，在集成电路中可添加一些微处理器，使得传感器具有自动补偿、通信、自诊断、逻辑判断等功能。

(4) 广泛化压力传感器的另一个发展趋势是正从机械行业向其他领域扩展，例如，汽车元件、医疗仪器和能源环境控制系统。

(5) 标准化传感器的设计与制造已经形成了一定的行业标准。如 ISO 国际质量体系；美国的ANSI、ASTM标准、俄罗斯的OCT、日本的JIS标准。

随着硅、微机械加工技术、超大集成电路技术和材料制备与特性研究工作的进展，使得压力传感器在光纤传感器的批量生产、高温硅压阻及压电结传感器的应用成为可能，在生物医学、微型机械等领域，压力传感器有着广泛的应用前景。

阅读材料2　全球最小压力传感器的应用

全球领先的半导体供应商、全球最大的MEMS制造商、全球最大的消费电子及便携产品MEMS供应商——STMicroelectronics(意法半导体)近期推出了一款新的压力传感器，允许手机和其他移动终端计算其相对于海平面的垂直高度差，而且这个数字的准确性非常高。这意味着，该移动装置不仅能准确定位到某个建筑物，还能精确到该建筑物的某个楼层位高度位置。

很多新兴的LBS(Location-Based Services，基于位置的服务，即移动定位服务)被认为是移动领域的下一波杀手级应用，而这个服务的关键，将是移动通信设备的精确定位。定位服务目前遇到的挑战是需要提供移动设备所在位置的三向维度数据，同时满足各种相互冲突的条件，包括空间分辨率、可靠性和外观尺寸、稳健性和成本。

ST的新压力传感器可以准确地测量260mbar和1260mbar压强之间的高度，大概是海平面以上10km(约比珠穆朗玛峰高1.5km)和海平面以下1.8km，大约是目前最深的矿井深度的1/2。仅3mm×3mm的微型封装，提供工作低电压和超低功耗的装置，是目前全球最小的数字压力传感器，也是智能手机、运动手表等其他便携终端的理想定位产品，包括气象站观测、汽车、工业等各方面的应用。目前这款LPS331AP已被三星最新、最先进的智能手机所采用。

全球导航卫星系统(Global Navigation Satellite System，GNSS)是平面定位(经纬度)广泛采用的解决方案，当移动设备处于最佳条件，即能够从4颗(或更多颗)卫星接收信号时，使移动设备的平面位置计算精度达到1m以内。意法半导体与CSR公司联合开发出的室内导航解决方案可在无卫星信号条件下确定设备的3D位置。

意法半导体执行副总裁兼模拟、MEMS及传感器产品事业部总经理Benedetto Vigna表示："自掀起MEMS消费化浪潮以来，我们研制了能够检测重力、加速度、角速率和地磁场的传感器，这些传感器帮助智能消费电子产品检测运动并作出相应的响应。现在我们推出的气压检测传感器，可帮助消费电子产品确定人或物体的位置是在上升还是下降。"

LPS331AP压力传感器采用意法半导体独有的"VENSENS"制造工艺，可把压力传感器与其他电路制造在同一颗芯片上，无须晶片与晶片之间的键合，可最大限度地提升测量可靠性。LPS331AP内的传感单元是在气腔上覆盖弹性硅薄膜，开口间隙可以控制，气腔内部压力已提前设定。新产品的薄膜比传统的硅微加薄膜小很多，内置机械停止器用于防止薄膜断裂。压敏电阻器(piezoresistor)是嵌入在薄膜内的微型结构，当薄膜因外部压力变化而弯曲时，压敏电阻器将发生变化。经过温度补偿，被检测到的压敏电阻变化可转换成数字压力数据，由主处理器通过工业标准 I^2C 或 SPI 总线读取。

LPS331AP 主要技术特性：

高分辨率、低噪传感器，能够检测高度在厘米级的变化。

意法半导体独有的 VENSENS 工艺具有很强的突发事件防护能力，是全量程的 20 倍；输出数据速率在 1～125Hz 可选范围内。

低功耗：低分辨模式 5.5μA；高分辨率模式 30μA。

电源电压：1.71～3.6V。

−40 ～+85℃宽温度范围：集成温度传感器和温度修正电路；出厂校准温度和压力，无须客户二次校准。

3mm×3mm×1mm 塑料焊盘网格阵列封装(HCLGA-16L)，封装上面的孔使外部气压能够到达传感单元。

复习与训练

一、填空

1. 电阻丝在外力作用下发生机械变形时，其电阻值发生变化，这一现象是(　　)效应。
2. 泊松系数是(　　)与纵向应变之比。
3. 金属电阻应变片敏感栅的形式和材料很多，其中形式以(　　)式最多，材料以康铜的最广泛。
4. 电阻应变片是由(　　)、基底、引线、盖层组成。
5. 导电材料因变形而引起的电阻值变化的现象称为(　　)效应。
6. 用弹性元件和(　　)及一些附件可以组成应变式传感器。
7. 电阻应变片构成差动电桥电路时，不仅可以提高灵敏度，同时还有消除(　　)的作用。
8. 电阻应变片传感器常用来检测力、(　　)等物理量。
9. 半导体材料受到应力作用时，其电阻率会发生变化，这种现象就称为(　　)。
10. 电阻应变片是将被测试件上的应变转换成(　　)的传感元件。

二、判断

1. 温度变化也会使应变片的电阻值发生变化，由此产生检测误差。(　　)
2. 电阻应变片发生的应变属于电量变化。(　　)
3. 无论何种传感器，若要提高灵敏度，必然会增加非线性误差。(　　)
4. 应变片的电阻发生变化属于电参量变化。(　　)

三、选择

1. 金属电阻应变片的电阻相对变化主要是由于电阻丝的(　　)变化产生的。

A. 温度 B. 电阻率 C. 形状 D. 材质

2. 若两个应变量变化完全相同的应变片接入测量电路的相对桥臂，则电桥的输出将( )。

A. 增大 B. 减小 C. 不变 D. 可能增大可能减小

3. 制作应变片敏感栅的材料中，用得最多的金属材料是( )。

A. 铜 B. 铂 C. 康铜 D. 镍铬合金

4. 电阻应变片的工作原理是基于( )。

A. 压阻效应 B. 压电效应 C. 涡流效应 D. 应变效应

5. 电阻应变片的测量电路的直流电桥的平衡条件( )。

A. 相对臂比值相等 B. 相邻臂比值相等

C. 相对臂乘积不定 D. 相邻臂乘积相等

6. 半导体应变片的工作原理是基于( )效应。

A. 压阻 B. 应变 C. 霍尔 D. 光电

7. 通常用应变式传感器测量( )。

A. 温度 B. 速度 C. 加速度 D. 压力

8. 箔式应变片的箔材厚度多在( )之间。

A. 0.003～0.01mm B. 0.01～0.1mm

C. 0.01～0.1μm D. 0.0001～0.001μm

9. 由( )和应变片以及一些附件组成的装置称为应变式传感器。

A. 弹性元件 B. 调理电路

C. 信号采集电路 D. 敏感元件

10. 电阻应变传感器测量力，测量力使应变片产生应变，同时( )值发生相对变化。

A. 电阻 B. 电容 C. 电感 D. 自感

11. 为了减小非线性误差采用差动式，其灵敏度和原先相比( )。

A. 降低两倍 B. 降低一倍 C. 提高两倍 D. 提高一倍

12. 应变式电阻传感器中的测量电路在初始状态时，经调整、补偿后输出应为( )。

A. 很小的电压值 B. 为零 C. 不确定值 D. 负值

13. 应变片传感原理是( )。

A. 受力→温度变化→电阻变化

B. 受力→尺寸变化→电阻变化

C. 受力→电压变化→电阻变化

D. 受力→功率变化→电阻变化

14. 应变片的主要参数有( )。(多选)

A. 初始电阻值 B. 额定电压

C. 允许电流 D. 几何尺寸

15. ( )的基本工作原理是基于压阻效应。

A. 金属应变片 B. 半导体应变片 C. 光敏电阻 D. 三极管

16. 由应变片的横向效应可知，电阻丝绕成敏感栅后电阻变化(1)，应变片灵敏度系数较电阻丝的灵敏度系数(2)，正确答案为( )。

A. 1大2小　　B. 1小2小　　C. 1大2大　　D. 1小2大

17. 电阻应变片的电阻应变效应主要由(　　)引起。(多选)

A. 电阻丝的几何尺寸的变化　　B. 电阻丝电阻率的变化

C. 电阻丝温度系数　　D. 电阻丝的结构

18. 电阻应变片种类繁多,常用的可分为两类:(　　)。

A. 金属箔式应变片,半导体电阻应变片

B. 电阻丝式,敏感栅有丝式

C. 金属电阻应变式,半导体电阻应变片

D. 敏感栅有丝式,半导体电阻应变片

19. 影响金属应变片的灵敏度的主要因素是(　　)。

A. 金属应变片电阻率的变化

B. 金属应变片几何尺寸的变化

C. 金属应变片物理性质的变化

D. 金属应变片化学性质的变化

20. (　　)是采用真空蒸发或真空沉积等方法,将电阻材料在基底上制成一层各种形式敏感栅而形成应变片。这种应变片灵敏系数高,易实现工业化生产,是一种很有前途的新型应变片。

A. 箔式应变片　　B. 半导体应变片

C. 沉积膜应变片　　D. 薄膜应变片

21. 影响金属导电材料应变灵敏系数 k 的主要因素是(　　)。

A. 导电材料电阻率的变化　　B. 导电材料几何尺寸的变化

C. 导电材料物理性质的变化　　D. 导电材料化学性质的变化

22. 应变测量中,希望灵敏度高、线性好、有温度自补偿功能,应选择(　　)测量转换电路。

A. 单臂半桥　　B. 双臂半桥　　C. 四臂全桥　　D. 独臂

23. 电阻应变式传感器是利用(1)将应变转化为(2)变化的传感器,正确答案为(　　)。

A. 1应变片 2电压　　B. 1金属箔式 2电阻

C. 1电阻应变片 2电阻　　D. 1电阻应变片 2电压

24. 利用相邻双臂桥检测的应变式传感器,为使其灵敏度高、非线性误差小,则(　　)。

A. 两个桥臂都应当用大电阻值工作应变片

B. 两个桥臂都应当用两个工作应变片串联

C. 两个桥臂应当分别用应变量变化相反的工作应变片

D. 两个桥臂应当分别用应变量变化相同的工作应变片

四、计算

1. 如果将两个100Ω的电阻应变片平行于轴线方向粘贴在钢制圆柱形试件上,试件横截面积为 $0.5\times10^{-4}\text{m}^2$,材料的弹性模量 $E=200\text{GN/m}^2$,由50kN的拉力所引起的应变片电阻变化为1Ω,把它们接入惠斯登电桥,电桥供电电压为1V,求①应变片灵敏系数;②电桥的输出电压。

2. 一测量吊车起吊重物的拉力传感器如图 3.13(a)所示。R_1、R_2、R_3、R_4 按要求贴在等截面轴上。已知：等截面轴的截面积为 0.001 96m^2，弹性模量 $E=2\times10^{11}\text{N/m}^2$，泊松比 $\mu=0.3$，$K=2$，且 $R_1=R_2=R_3=R_4=120\Omega$，所组成的全桥型电路如图 3.13(b)所示，供桥电压 $U=2\text{V}$。现测得输出电压 $U_0=2.6\text{mV}$。求：①等截面轴的纵向应变及横向应变为多少？②力 F 为多少？

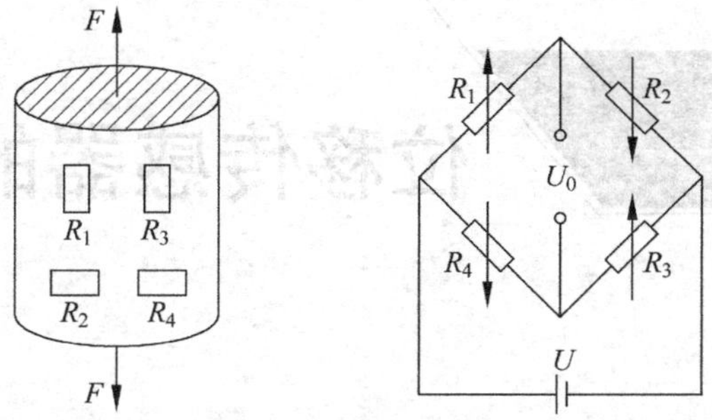

图 3.13　计算题 2 图

模块 4 位移传感器的应用

引入项目

概述

位移是物体在一定方向上的位置变化，是机械行业中最常用的被测物理量之一，位移传感器的作用就是将直线或环形机械位移量转换成电信号，利用相应的位移传感器可以测量位移、距离、位置、尺寸、角度、角位移等物理量。

模块结构

位移传感器的应用
- 电位器式位移传感器在位置检测与控制中的应用
- 差动变压器式微位移测量仪的设计
- 光栅位移传感器在数控机床中的应用

预备知识

- 基尔霍夫电压定律
- 运算放大电路
- 电磁感应原理
- 螺旋测位移
- 光的衍射、干涉原理

项目 1　电位器式位移传感器在位置检测与控制中的应用

一、项目目标

通过该项目的学习，掌握电位器式位移传感器的特点，知道其主要参数，学会正确选电位器式位移传感器。

利用电位器式位移传感器设计一线位移测量装置，控制范围 0～100mm。

二、项目分析

电位器式位移传感器在机械设备的行程控制及位置检测中占有很重要的地位，它具有精度高、量程范围大、移动平滑、舒畅、分辨率高、寿命长的特点，尤其在较大位移测量中得到了广泛的应用，如注塑机、成型机、压铸机、印刷机械、机床等。

工程应用中，通过电位器式位移传感器将机械位移转换成电阻的变化，再通过应用电路将电阻的变化转换成电压的变化，并制成分度表；相应地，根据输出电压的数值，即可知道位移的多少。

目前，国内外电位器式位移传感器的生产厂家很多，技术已经非常成熟。对于拉杆式、滑块式位移传感器其测量位移可以达到 3000mm。

电位器式位移传感器是将位移的变化转换成电阻的变化，为了与 PLC 及单片机等智能控制器配合完成自动检测与控制，往往要通过检测电路将传感器输出信号转换成标准信号，如电压、电流等。再通过 I/V 转换、A/D 转换电路得到数字信号，并送数字显示器件仪表进行显示位移值，或输出控制信号，实现位置检测与控制，类似于电气控制中的行程开关。

本项目通过电位器式位移传感器实现行程控制。

三、项目实施

1. 电路原理

在工程应用中，需将阻值的变化转换成电压或电流等标准信号，电压主要有 0～5V、0～10V、±5V 和±10V，电流为 4mA～20mA；要将电阻变化转换成标准信号，可能采用各企业生产的变送器，也可以自己根据实际情况进行设计制作。

目前，企业生产的信号变换器可分为内置式和外置式两种。内置式是将电路直接安装在传感器的内部，而外置式已做成成品，可以方便地安装在传感器外面。电位器式位移传感器在位置检测中的应用电路图如图 4.1 所示。

图中 RP_1 为机械位移传感器，若总机械行程小于 100mm，则可选行程为 100mm 的电位器式位移传感器。图中，RP_1 滑动端输出电压经 IC1A 构成的电压跟随器送到由 IC1B、和 IC1C 组成的电压比较器，分别输出行程下限和上限控制信号。

RP_1 滑动端输出电压为 0～5V，则 IC1A 输出也为 0～5V 电压。对于 IC1C 来说，若实际行程小于下限行程（即 V+＜V－）时，则 IC1C 输出为 0V；若实际行程超过下限行程（即 V+＞V－）时，则 IC1C 输出为 5V；而此时 IC1B 因其 V+＞V－而始终为 5V。

对于 IC1B 来说，当实际行程小于上限（即 V+＜V－）时，输出的上限控制信号为 5V；当实际行程超过上限（即 V+＜V－）时，此时 IC1B 输出的上限控制信号为 0V；而此时的 IC1C 因 V+＞V－一直保持为 5V。

图中 RP_2 用于调节上限位置，其调节范围是 20～100mm；RP_3 用于调节下限位置，其调节范围是 0～20mm。

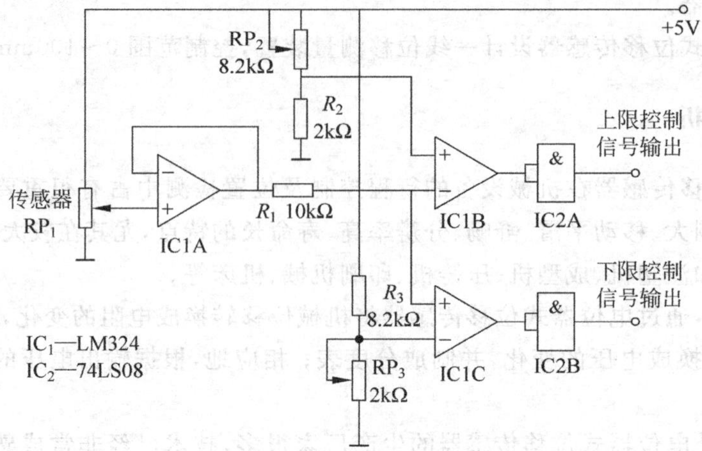

图 4.1　电位器式位移传感器在位置检测中的应用电路图

2. 电路制作

要根据原理图,选择合适的元器件制作电路,其中 RP_2、RP_3 为外接电位器,用于调节上、下限位置。

电路制作完成后,只要元器件参数正确、没有接错,电路参数不需要调试即可工作。每次工作前,要设置上、下限位置。

3. 电路调试

将电位器式传感器调节到下限位置(如 5mm 的位置),此时调节 RP_3 使 IC2B 输出为低电平;在工作过程中,当电位器的位移小于 5mm 时,IC2B 输出为低电平。上限位置调节:将电位器调到上限位置(如 80mm),调节 RP_2,使 IC2A 输出为低电平,此时,当传感器运动超过此位置时,IC2B 输出为低电平。

该电路输出的两个信号可作为系统工作的上、下限位置检测信号,此信号类似于机械运动中的行程开关。可将此信号送到控制电路作为往复运动的控制信号,也可将此信号送到 MCU,作为工件的位置信号。

4. 知识链接

位移检测是指测量位移、距离、位置、角度等几何量。根据这类传感器信号的输出形式,可分为模拟式和数字式两大类。模拟式位移传感器包括电容传感器、螺管电感、差动变压器、涡流探头等。数字式位移传感器包括光栅、磁栅、感应同步器等。机械位移传感器根据被测物体的运动形式可划分为线性位移传感器和角度位移传感器。

机械位移传感器是应用最多的传感器之一。它在工业的自动检测技术中占有很重要的地位,得到了广泛应用。

1) 电位器式位移传感器的分类

电位器是人们常用到的一种电子元件,它作为传感器可以将机械位移或其他能转换为位移的非电量转换为其有一定函数关系的电阻值的变化,从而引起输出电压的变化。所以它是一个机电传感元件。

(1) 线绕电位器式传感器

线绕电位器的电阻体由电阻丝缠绕在绝缘物上构成，电阻丝的种类很多，电阻丝的材料是根据电位器的结构、容纳电阻丝的空间、电阻值和温度系数来选择的。电阻丝越细，在给定空间内越获得较大的电阻值和分辨率。但若电阻丝太细，在使用过程中容易断开，影响传感器的寿命。

(2) 非线绕电位器式传感器

为了克服线绕电位器存在的缺点，人们在电阻的材料及制造工艺上下了很多功夫，发展了各种非线绕电位器，如合成膜电位器、金属膜电位器、导电塑料电位器、导电玻璃釉电位器、光电电位器等，非线绕电位器式传感器特性如表 4.1 所示。

表 4.1　非线绕电位器式传感器特性表

电位器	特　性
合成膜电位器	合成膜电位器的电阻体是用具有某一电阻值的悬浮液喷涂在绝缘骨架上形成电阻膜而成的，这种电位器的优点是分辨率较高、阻范围很宽（100～4.7MΩ），耐磨性较好、工艺简单、成本低、输入输出信号的线性度较好等，其主要缺点是接触电阻大、容易吸潮、噪声较大等
金属膜电位器	金属膜电位器由合金、金属或金属氧化物等材料通过真空溅射或电镀方法，沉积在瓷基体上一层薄膜制成。 金属膜电位器具有无限的分辨率，接触电阻很小，耐热性好，它的满负荷温度可达 70℃。与线绕电位器相比，它的分布电容和分布电感很小，所以特别适合在高频条件下使用。它的噪声信号仅高于线绕电位器。金属膜电位器的缺点是耐磨性较差，阻值范围窄，一般在 10～100kΩ 之间。由于这些缺点限制了它的使用
导电塑料电位器	导电塑料电位器又称为有机实心电位器，这种电位器的电阻体是由塑料粉及导电材料的粉料经塑压而成。导电塑料电位器的耐磨性好，使用寿命长，允许电刷接触压力很大，因此它在振动、冲击等恶劣的环境下仍能可靠地工作。此外，它的分辨率较高，线性度较好，阻值范围大，能承受较大的功率。导电塑料电位器的缺点是阻值易受温度和湿度的影响，故精度不易做得很高
导电玻璃釉电位器	导电玻璃釉电位器又称为金属陶瓷电位器，它是以合金、金属化合物或难溶化合物等为导电材料，以玻璃釉为粘合剂，经混合烧结在玻璃基体上制成的。导电玻璃釉电位器的耐高温性好，耐磨性好，有较宽的阻值范围，电阻温度系数小且抗湿性强。导电玻璃釉电位器的缺点是接触电阻变化大，噪声大，不易保证测量的高精度
光电电位器	光电电位器是一种非接触式电位器，它用光束代替电刷，图 4.2 是这种电位器的结构图。光电电位器主要是由电阻体、光电导层和导电电极组成。光电电位器的制作过程是先在基体上沉积一层硫化镉或硒化镉的光电导层，然后在光电导层上再沉积一条电阻体和一条导电电极。在电阻体和导电电极之间留有一个窄的间隙。平时无光照时，电阻体和导电电极之间由于光电导层电阻很大而呈现绝缘状态。当光束照射在电阻体和导电电极的间隙上时，由于光电导层被照射部位的亮电阻很小，使电阻体被照射部位和导电电极导通，于是光电电位器的输出端就有电压输出，输出电压的大小与光束位移照射到的位置有关，从而实现了将光束位移转换为电压信号输出。 光电电位器最大的优点是非接触型，不存在磨损问题，它不会对传感器系统带来任何有害的摩擦力矩，从而提高了传感器的精度、寿命、可靠性及分辨率。光电电位器的缺点是接触电阻大，线性度差。由于它的输出阻抗较高，需要配接高输入阻抗的放大器。尽管光电电位器有着不少的缺点，但由于它的优点是其他电位器所无法比拟的，因此在许多重要场合仍得到应用

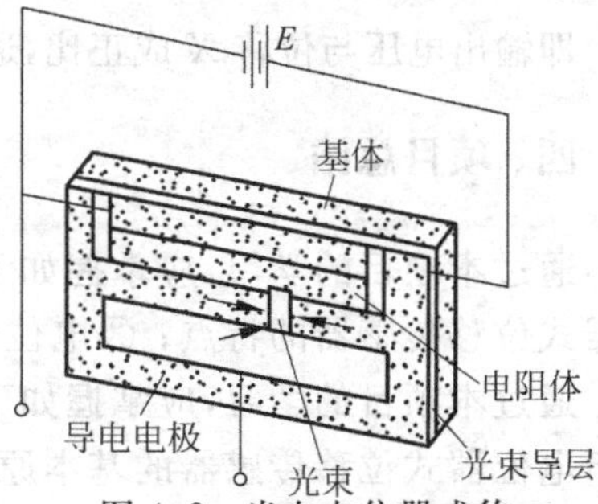

图 4.2　光电电位器式传感器结构示意图

2）电位器式位移传感器的结构

目前，常见的位移传感器如图 4.3 所示，从结构上来看，可以分为推拉式和旋转式两种结构。

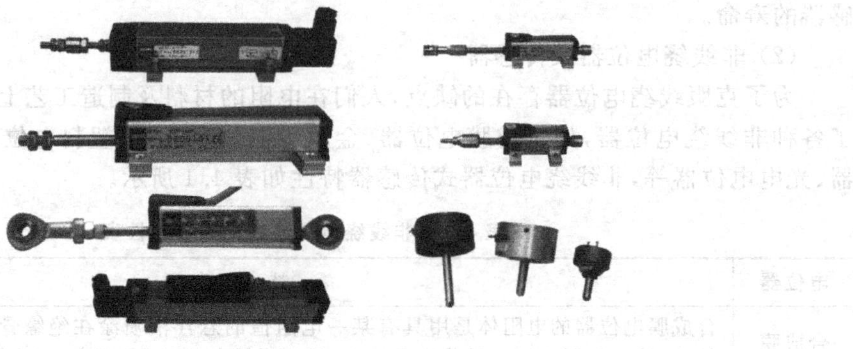

图 4.3 常见的位移传感器

不管哪一种结构形式，主要由电刷、滑动臂、转轴（或拉杆）、电阻体（或基片）、焊片（或引线）及外壳几部分组成。

3）电位器式位移传感器的工作原理及应用电路

电位器式位移传感器应用电路图如图 4.4 所示。

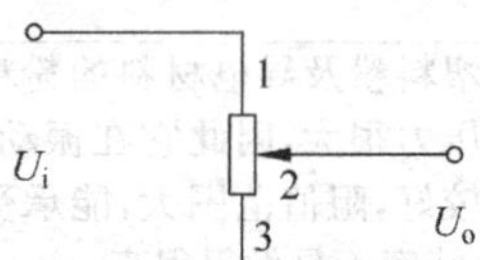

图 4.4 电位器式位移传感器应用电路图

当滑动端位置改变时，阻值 R_{12} 和 R_{23} 均发生变化，但总阻值 R_{13} 保持不变；设 X 为位移传感器电刷移动长度，L 为位移传感器的最大位移，则

$$R_{23}=\frac{X}{L}R_{13} \tag{4.1}$$

若在 R_{13} 端加激励信号 U_i，在其输出电压 U_o 的值为：

$$U_o=\frac{R_{23}}{R_{13}}\times U_i=\frac{X}{L}U_i \tag{4.2}$$

即输出电压与位移 X 成正比，通过测量 U_o 的值，再根据 U_i 及 L 的值，即可求出位移 X。

四、项目总结

通过本项目的学习，应掌握如下知识重点：①电位器式位移传感器的基本原理；②电位器式位移传感器的特点；③电位器式位移传感器的应用电路。

通过本项目的学习，应掌握如下实践技能：①能正确选用电位器式位移传感器；②能分析电位器式位移传感器的基本原理；③会调试位移传感器应用电路。

项目 2 差动变压器式位移传感器在微小测量中的应用

一、项目目标

通过该项目的学习，掌握差动变压器式位移传感器的工作原理和特性，了解零点电压产生的原因及补偿方法，学会正确使用差动变压器式位移测量仪。

利用差动变压器式位移传感器设计一线位移测量装置，控制范围 0～100mm。

二、项目分析

差动变压器的工作原理是基于电磁互感原理，由一个一次绕组 1 和两个二次绕组 2、3 及一个衔铁 4 组成。差动变压器一、二次绕组间的耦合能随衔铁的移动而变化，即绕组间的互感随被测位移改变而变化。由于把两个二次绕组反向串接（* 同名端相接），以差动电势输出，所以把这种传感器称为差动变压器式电感传感器，通常简称差动变压器。差动变压器的结构示意图如图 4.5 所示。

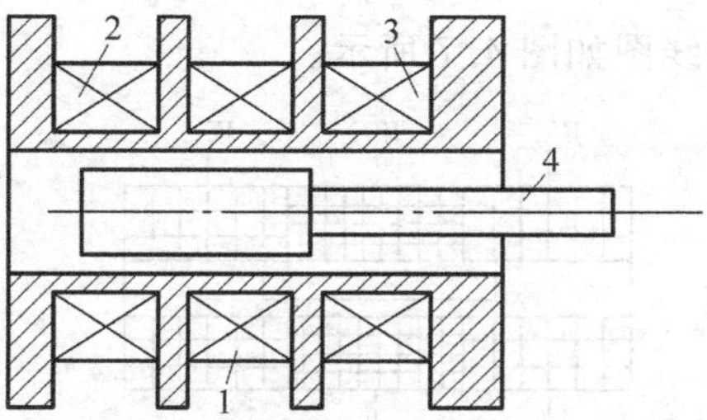

图 4.5　差动变压器的结构示意图

1—一次绕组；2、3—二次绕组；4—衔铁

在理想情况下，差动变压器的等效电路图如图 4.6 所示。

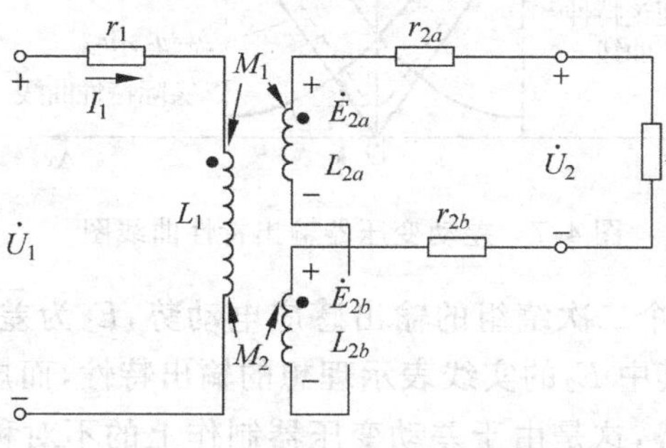

图 4.6　差动变压器的等效电路图

图中 U_1 为一次绕组激励电压；M_1、M_2 分别为一次绕组与两个二次绕组间的互感：L_1、R_1 分别为一次绕组的电感和有效电阻；L_{21}、L_{22} 分别为两个二次绕组的电感；R_{21}、R_{22} 分别为两个二次绕组的有效电阻。对于差动变压器，当衔铁处于中间位置时，两个二次绕组互感相同，因而由一次侧激励引起的感应电动势相同。由于两个二次绕组反向串接，所以差动输出电动势为零。当衔铁移向二次绕组 L_{21}，这时互感 M_1 大，M_2 小，因而二次绕组 L_{21} 内感应电动势大于二次绕组 L_{22} 内感应电动势，这时差动输出电动势不为零。在传感器的量程内，衔铁位移越大，差动输出电动势就越大。同样道理，当衔铁向二次绕组 L_{22} 一边移动差动输出电动势仍不为零，但由于移动方向改变，所以输出电动势反相。因此通过差动变压器输出电动势的大小和相位可以知道衔铁位移量的大小和方向。

由图 4.6 可以看出一次绕组的电流为：

$$\dot{I}_1 = \frac{\dot{U}_1}{R_1 + j\omega L_1} \tag{4.3}$$

二次绕组的感应动势为：

$$\dot{E}_{21} = -\mathrm{j}\omega M_1 \dot{I}_1$$

$$\dot{E}_{22} = -\mathrm{j}\omega M_2 \dot{I}_1 \tag{4.4}$$

由于二次绕组反向串接，所以输出总电动势为：

$$\dot{E}_{22} = -\mathrm{j}\omega M_2 \dot{I}_1 \tag{4.5}$$

其有效值为：

$$E_2 = \frac{\omega(M_1 - M_2)U_1}{\sqrt{R_1^2 + (\omega L_1)^2}} \tag{4.6}$$

差动变压器输出特性曲线图如图 4.7 所示。

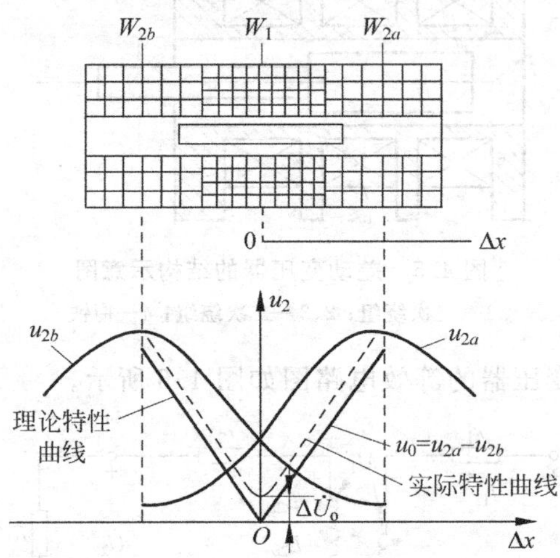

图 4.7　差动变压器输出特性曲线图

图中 E_{21}、E_{22}分别为两个二次绕组的输出感应电动势，E_2为差动输出电动势，x 表示衔铁偏离中心位置的距离。其中 E_2的实线表示理想的输出特性，而虚线部分表示实际的输出特性。E_0为零点残余电动势，这是由于差动变压器制作上的不对称以及铁心位置等因素所造成的。零点残余电动势的存在，使得传感器的输出特性在零点附近不灵敏，给测量带来误差，此值的大小是衡量差动变压器性能好坏的重要指标。为了减小零点残余电动势可采取以下方法。

(1) 尽可能保证传感器几何尺寸、线圈电气参数及磁路的对称。磁性材料要经过处理，消除内部的残余应力，使其性能均匀稳定。

(2) 选用合适的测量电路，如采用相敏整流电路。既可判别衔铁移动方向又可改善输出特性，减小零点残余电动势。

三、项目实施

1. 电路原理

差动变压器测位移电路图如图 4.8 所示。

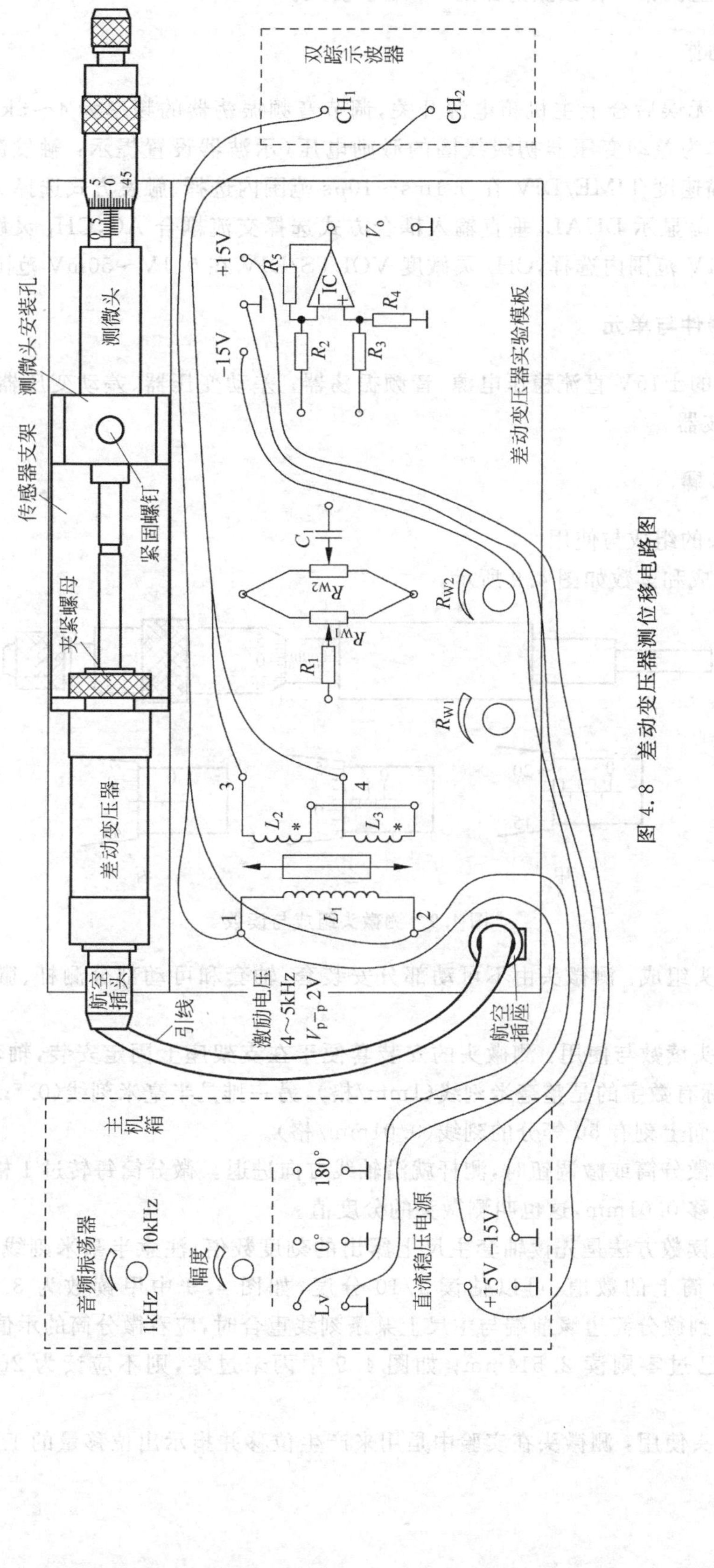

图 4.8　差动变压器测位移电路图

实验模板中的L_1为差动变压器的初级线圈，L_2、L_3为次级线圈，* 号为同名端；L_1的激励电压必须从主机箱中音频振荡器的 Lv 端子引入。

2. 电路制作

检查接线无误后合上主机箱电源开关，调节音频振荡器的频率为 4～5kHz、幅度为峰值 $V_{p\text{-}p}=2V$ 作为差动变压器初级线圈的激励电压(示波器设置提示：触发源选择内触发 CH_1、水平扫描速度 TIME/DIV 在 0.1ms～10μs 范围内选择、触发方式选择 AUTO。垂直显示方式为双踪显示 DUAL，垂直输入耦合方式选择交流耦合 AC，CH_1 灵敏度 VOLTS/DIV 在 0.5～1V 范围内选择，CH_2 灵敏度 VOLTS/DIV 在 0.1V～50mV 范围内选择)。

3. 需用器件与单元

主机箱中的±15V 直流稳压电源、音频振荡器；差动变压器、差动变压器实验模板、测微头、双踪示波器。

4. 实验步骤

1) 测微头的组成与使用

测微头组成和读数如图 4.9 所示。

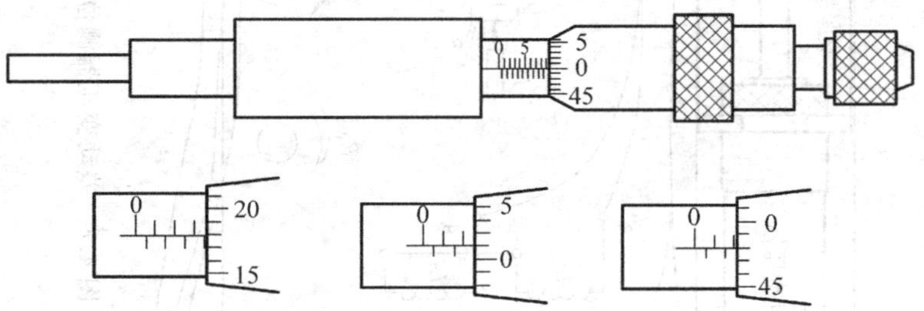

图 4.9 测微头组成与读数

(1) 测微头组成：测微头由不可动部分安装套、轴套和可动部分测杆、微分筒、微调钮组成。

(2) 测微头读数与使用：测微头的安装套便于在支架座上固定安装，轴套上的主尺有两排刻度线，标有数字的是整毫米刻线(1mm/格)，另一排是半毫米刻线(0.5mm/格)；微分筒前部圆周表面上刻有 50 等分的刻线(0.01mm/格)。

用手旋转微分筒或微调钮时，测杆就沿轴线方向进退。微分筒每转过 1 格，测杆沿轴方向移动微小位移 0.01mm，这也叫测微头的分度值。

测微头的读数方法是先读轴套主尺上露出的刻度数值，注意半毫米刻线；再读与主尺横线对准微分筒上的数值、可以估读 1/10 分度，如图 4.9 中甲读数为 3.678mm，不是 3.178mm；遇到微分筒边缘前端与主尺上某条刻线重合时，应看微分筒的示值是否过零，如图 4.19 中乙已过零则读 2.514mm；如图 4.9 中丙未过零，则不应读为 2mm，读数应为 1.980mm。

(3) 测微头使用：测微头在实验中是用来产生位移并指示出位移量的工具。一般测微头在使用前，首先转动微分筒到 10mm 处（为了保留测杆轴向前、后位移的余量），再将测微头轴套上的主尺横线面向自己安装到专用支架座上，移动测微头的安装套（测微头整体移动）使测杆与被测体连接并使被测体处于合适位置（视具体实验而定）时再拧紧支架座上的紧固螺钉。当转动测微头的微分筒时，被测体就会随测杆而位移。

2) 差动变压器的性能实验

使用测微头时，当来回调节微分筒使测杆产生位移的过程中本身存在机械回程差，为消除这种机械回差可用如下两种方法实验，建议用第二种方法可以检测到差动变压器零点残余电压附近的死区范围。

(1) 调节测微头的微分筒（0.01mm/每小格），使微分筒的 0 刻度线对准轴套的 10mm 刻度线。松开安装测微头的紧固螺钉，移动测微头的安装套使示波器第二通道显示的波形 V_{p-p}（峰峰值）为较小值（越小越好，变压器铁芯大约处在中间位置）时，拧紧紧固螺钉。仔细调节测微头的微分筒使示波器第二通道显示的波形 V_{p-p} 为最小值（零点残余电压）并定为位移的相对零点。这时可假设其中一个方向为正位移，另一个方向位移为负，从 V_{p-p} 最小开始旋动测微头的微分筒，每隔 $\Delta X=0.2$mm（可取 30 点值）从示波器上读出输出电压 V_{p-p} 值，记录，再将测位头位移退回到 V_{p-p} 最小处开始反方向（也取 30 点值）做相同的位移实验。

在实验过程中请注意：

首先，从 V_{p-p} 最小处决定位移方向后，测微头只能按所定方向调节位移，中途不允许回调，否则，由于测微头存在机械回差而引起位移误差；所以，实验时每点位移量须仔细调节，绝对不能调节过量，如过量则只好剔除这一点粗大误差继续做下一点实验或者回到零点重新做实验。

其次，当一个方向行程实验结束，做另一方向时，测微头回到 V_{p-p} 最小处时它的位移读数有变化（没有回到原来起始位置）是正常的，做实验时位移取相对变化量 ΔX 为定值，与测微头的起始点定在哪一根刻度线上没有关系，只要中途测微头微分筒不回调就不会引起机械回程误差。

(2) 调节测微头的微分筒（0.01mm/每小格），使微分筒的 0 刻度线对准轴套的 10mm 刻度线。松开安装测微头的紧固螺钉，移动测微头的安装套使示波器第二通道显示的波形 V_{p-p}（峰峰值）为较小值（越小越好，变压器铁芯大约处在中间位置）时，拧紧紧固螺钉，再顺时针方向转动测微头的微分筒 12 圈，记录此时的测微头读数和示波器 CH_2 通道显示的波形 V_{p-p}（峰峰值）值为实验起点值。以后，反方向（逆时针方向）调节测微头的微分筒，每隔 $\Delta X=0.2$mm（可取 60～70 点值）从示波器上读出输出电压 V_{p-p} 值并记录（这样单行程位移方向做实验可以消除测微头的机械回差）。

5. 知识链接

电感式传感器是利用电磁感应原理将被测非电量转换成线圈自感量 L 或互感量 M 的变化，再由测量电路转换为电压或电流的变化量输出的装置。

优点：结构简单，工作可靠寿命长，测量精度高，零点稳定，输出功率较大等。

缺点：灵敏度、线性度和测量范围相互制约，传感器自身频率响应低，不适用于快速动态测量。

电感式传感器种类很多，有利用自感原理的自感式传感器，利用互感原理做成的差动变压器式传感器，还有利于涡流原理的涡流式传感器等。

本节主要介绍自感式、互感式和电涡流式三种传感器。

1) 变磁阻式传感器

(1) 工作原理

变磁阻式传感器由线圈、铁心(定铁心)、衔铁(动铁心)组成，变磁阻式传感器示意图如图 4.10 所示。

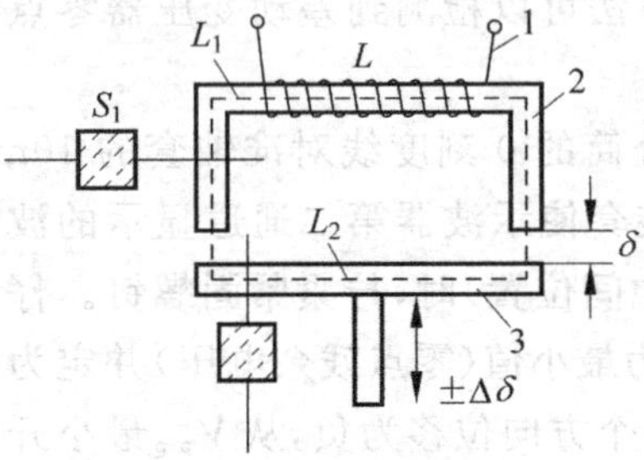

图 4.10 变磁阻式传感器示意图

铁心和衔铁由导磁材料如硅钢片或坡莫合金制成，在铁心和衔铁之间有气隙，气隙厚度为 δ，传感器的运动部分与衔铁相连。

当衔铁移动时，气隙厚度 δ 发生改变，引起磁路中磁阻变化，从而导致电感线圈的电感值变化，只要能测出这种电感量的变化，就能确定衔铁位移量的大小和方向。

根据电感定义，线圈中电感量可由式(4.7)确定：

$$L = \frac{\Psi}{I} = \frac{N\Phi}{I} \tag{4.7}$$

式中，Ψ——线圈总磁链；

I——通过线圈的电流；

N——线圈的匝数；

Φ——穿过线圈的磁通。

由磁路欧姆定律，得磁通表达式：

$$\Phi = \frac{IN}{R_m} \tag{4.8}$$

式中，R_m——磁路总磁阻。

对于变隙式传感器，因为气隙很小，若忽略磁路磁损，则磁路总磁阻为：

$$R_m = \frac{L_1}{\mu_1 S_1} + \frac{L_2}{\mu_2 S_2} + \frac{2\delta}{\mu_0 S_0} \tag{4.9}$$

式中，μ_1——铁心材料的导磁率，H/m；

μ_2——衔铁材料的导磁率，H/m；

L_1——磁通通过铁心的长度，m；

L_2——磁通通过衔铁的长度，m；

S_1——铁心的截面积，m^2；

S_2——衔铁的截面积，m^2；

μ_0——空气的导磁率，$4\pi\times10^{-7}$ H/m；

S_0——气隙的截面积，m^2；

δ——气隙的厚度，m。

通常气隙磁阻远大于铁心和衔铁的磁阻，即：

$$\frac{2\delta}{\mu_0 S_0} \gg \frac{L_1}{\mu_1 S_1}$$

$$\frac{2\delta}{\mu_0 S_0} \gg \frac{L_2}{\mu_2 S_2} \tag{4.10}$$

则可近似认为：

$$R_m \approx \frac{2\delta}{\mu_0 S_0} \tag{4.11}$$

联立前几式，可得：

$$L = \frac{N^2}{R_m} = \frac{N^2 \mu_0 S_0}{2\delta} \tag{4.12}$$

式(4.12)表明，当线圈匝数为常数时，电感 L 仅是磁路中磁阻的函数，只要改变 δ 或 S_0 均可导致电感变化。

因此变磁阻式传感器又可分为变气隙厚度 δ 的传感器和变气隙面积 S 的传感器。使用最广泛的是变气隙厚度 δ 式电感传感器。变磁阻式传感器性能对比如表 4.2 所示。

表 4.2　变磁阻式传感器性能对比表

型　式	特性曲线	线性	灵敏度	使用范围	应用
气隙变化型 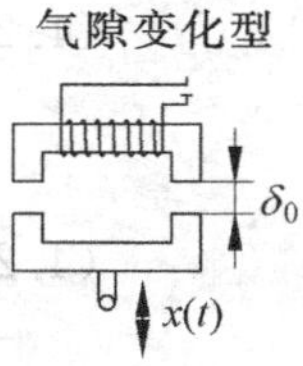	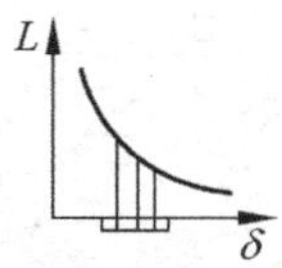	最差	间隙较小时，灵敏度较大。一般 δ= 0.2～0.5mm	最小	小尺寸高精度测量，可完成非接触式测量
面积变化型 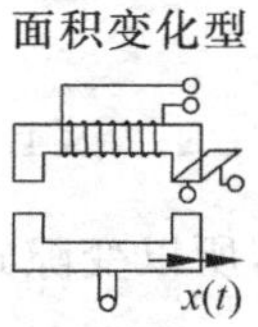	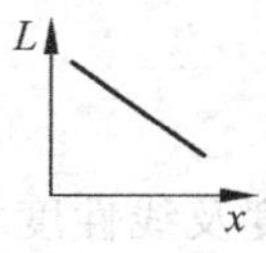	良好	一般	一般	较少
螺管型 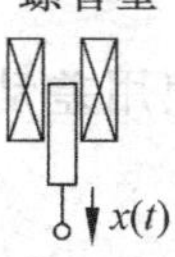	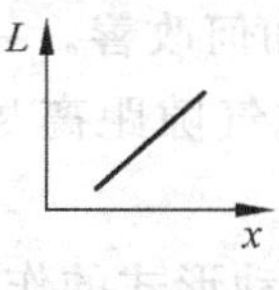	最好	一般	较长	最广泛

(2) 输出特性

设电感传感器初始气隙为 δ_0，初始电感量为 L_0，衔铁位移引起的气隙变化量为 $\Delta\delta$，可知 L 与 δ 之间是非线性关系，初始电感量为：

$$L_0 = \frac{\mu_0 S_0 N^2}{2\delta_0} \tag{4.13}$$

如图 4.11 所示为变隙式电压传感器的 L-δ 特性示意图。

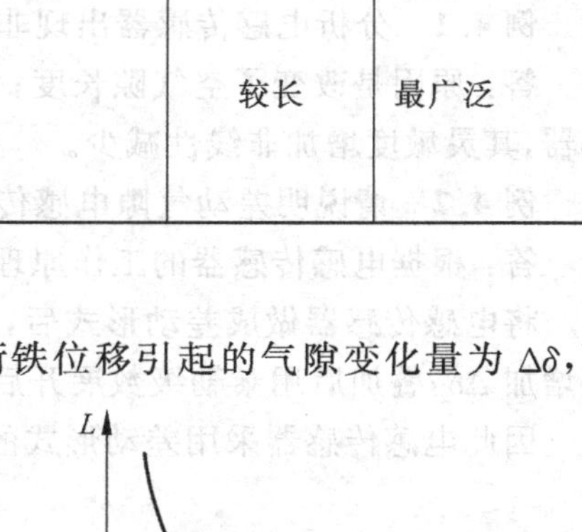

图 4.11　变隙式电压传感器的 L-δ 特性

当衔铁上移 $\Delta\delta$ 时，传感器气隙减小 $\Delta\delta$，即

$$\delta = \delta_0 - \Delta\delta \tag{4.14}$$

则此时输出电感为：

$$L = L_0 + \Delta L \tag{4.15}$$

代入式(4.15)整理得：

$$L = L_0 + \Delta L = \frac{N^2 \mu_0 S_0}{2(\delta_0 - \Delta\delta)} = \frac{L_0}{1 - \dfrac{\Delta\delta}{\delta_0}} \tag{4.16}$$

当 $\Delta\delta/\delta \in (0,1)$ 时，可将式(4.16)用泰勒级数展开成级数形式为：

$$L = L_0 + \Delta L = L_0\left[1 + \left(\frac{\Delta\delta}{\delta_0}\right) + \left(\frac{\Delta\delta}{\delta_0}\right)^2 + \left(\frac{\Delta\delta}{\delta_0}\right)^3 + \cdots\right] \tag{4.17}$$

由式(4.17)可求得电感增量和相对增量的表达式，即：

$$\Delta L = L_0 \frac{\Delta\delta}{\delta_0}\left[1 + \left(\frac{\Delta\delta}{\delta_0}\right) + \left(\frac{\Delta\delta}{\delta_0}\right)^2 + \cdots\right] \tag{4.18}$$

$$\frac{\Delta L}{L_0} = \frac{\Delta\delta}{\delta_0}\left[1 + \left(\frac{\Delta\delta}{\delta_0}\right) + \left(\frac{\Delta\delta}{\delta_0}\right)^2 + \cdots\right] \tag{4.19}$$

当衔铁下移 $\Delta\delta$ 时，传感器气隙增大 $\Delta\delta$，整理得：

$$\Delta L = L_0 \frac{\Delta\delta}{\delta_0}\left[1 - \left(\frac{\Delta\delta}{\delta_0}\right) - \left(\frac{\Delta\delta}{\delta_0}\right)^2 - \cdots\right]$$

$$\frac{\Delta L}{L_0} = \frac{\Delta\delta}{\delta_0}\left[1 - \left(\frac{\Delta\delta}{\delta_0}\right) - \left(\frac{\Delta\delta}{\delta_0}\right)^2 - \cdots\right] \tag{4.20}$$

线性处理，忽略高次项，可得：

$$\frac{\Delta L}{L_0} = \frac{\Delta\delta}{\delta_0} \tag{4.21}$$

灵敏度为：

$$k_0 = \frac{\dfrac{\Delta L}{L_0}}{\Delta\delta} = \frac{1}{\delta_0} \tag{4.22}$$

由此可见，自感式变间隙式传感器的测量范围与灵敏度及线性度相矛盾，所以变隙式电感式传感器用于测量微小位移时是比较精确的。

例 4.1 分析电感传感器出现非线性的原因，并说明如何改善。

答：原因是改变了空气隙长度；改善方法是让初始空气隙距离尽量小，使用差动式传感器，其灵敏度增加非线性减少。

例 4.2 请说明差动气隙电感传感器的工作过程和差动形式的作用。

答：根据电感传感器的工作原理可知，电感与气隙成反比，为非线性关系。

将电感传感器做成差动形式后，当气隙 δ 变化 $\Delta\delta$ 时，一边电感气隙减小 $\Delta\delta$，另一边电感增加 $\Delta\delta$，叠加后用泰勒级数展开后，灵敏度提高，且有效地减小了非线性误差。

因此电感传感器采用差动形式的作用是提高传感器的灵敏度，减小非线性误差的影响。

(3) 测量电路

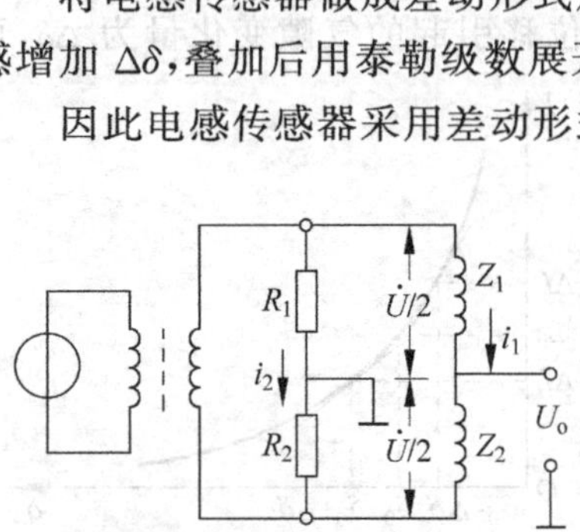

图 4.12 交流电桥测量电路

电感式传感器的测量电路有交流电桥式、交流变压器式以及谐振式等几种形式。

输出端对称交流电桥测量电路如图 4.12 所示，把传感器的两个线圈作为电桥的两个桥臂，另外两个相邻的桥臂用纯电阻代替。

对于高 Q 值($Q=\omega L/R$)的差动式电感传感器，其输出电压为：

$$\dot{U}_0 = \frac{U}{2}\frac{\Delta Z}{Z} = \frac{U}{2}\frac{\mathrm{j}\omega\Delta L}{R_0 + \mathrm{j}\omega L_0} \approx \frac{U}{2}\frac{\Delta L}{L_0} \tag{4.23}$$

式中，L_0——衔铁在中间位置时，单个线圈的电感；R_0为其损耗。

ΔL——单线圈电感的变化量。

将 $\Delta L = L_0(\Delta\delta/\delta_0)$代入式(4.23)得：

$$\dot{U}_0 = \frac{\dot{U}}{2}\cdot\frac{\Delta\delta}{\delta_0} \tag{4.24}$$

变压器式交流电桥测量电路图如图 4.13 所示，电桥两臂为传感器线圈阻抗，另外两桥臂为交流变压器次级线圈的 1/2 阻抗。

当负载阻抗为无穷大时，桥路输出电压

$$\dot{U}_0 = \frac{Z_1\dot{U}}{Z_1+Z_2} - \frac{\dot{U}}{2} = \frac{Z_1 - Z_2}{Z_1+Z_2}\frac{\dot{U}}{2} \tag{4.25}$$

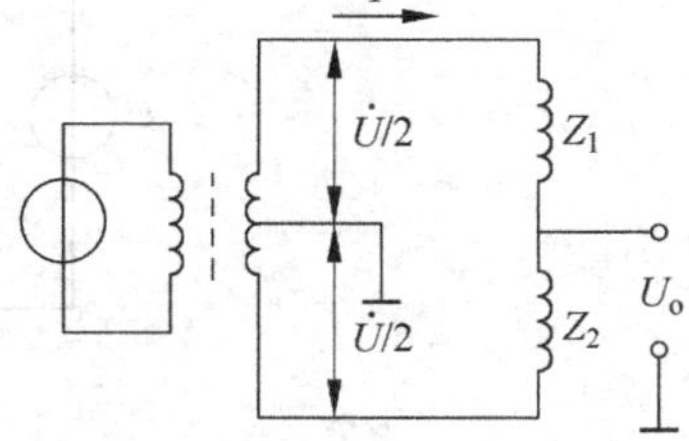

图 4.13　变压器式交流电桥测量电路图

当传感器的衔铁处于中间位置，即 $Z_1 = Z_2 = Z$ 时有 $U_0 = 0$，电桥平衡。

当传感器衔铁向上移动时，上面线圈的阻抗增加，而下面线圈的阻抗减小，即 $Z_1 = Z + \Delta Z$，$Z_2 = Z - \Delta Z$，此时：

$$\dot{U}_0 = \frac{\dot{U}}{2}\frac{\Delta Z}{Z} = \frac{\dot{U}}{2}\frac{\mathrm{j}\omega\Delta L}{R+\mathrm{j}\omega L} \tag{4.26}$$

当传感器衔铁下移时，则 $Z_1 = Z - \Delta Z$，$Z_2 = Z + \Delta Z$，此时：

$$\dot{U}_0 = -\frac{\dot{U}}{2}\frac{\Delta Z}{Z} = -\frac{\dot{U}}{2}\frac{\mathrm{j}\omega\Delta L}{R+\mathrm{j}\omega L} \tag{4.27}$$

设线圈 Q 值很高，省略损耗电阻，则由以上两式可写为：

$$\dot{U}_0 = \pm\frac{\dot{U}}{2}\frac{\Delta L}{L} \tag{4.28}$$

从式(4.28)可知，衔铁上下移动相同距离时，输出电压的大小相等，但方向相反，由于 U_0是交流电压，输出指示无法判断位移方向，必须配合相敏检波电路来解决。

例 4.3　图 4.14 为一自感式电感传感器的测量电路。Z_1、Z_2为传感器阻抗，设当衔铁下移时，$Z_1 = Z - \Delta Z$，$Z_2 = Z + \Delta Z$。试推导出 $U_0 = f(\Delta Z)$的函数关系和灵敏度 $K = U_0/\Delta Z$ 的数学表达式。

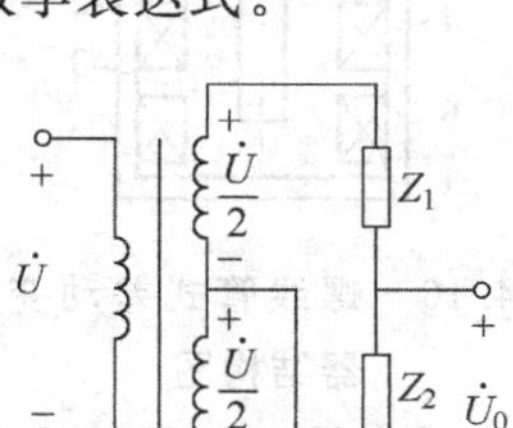

图 4.14　自感式电感传感器测量电路

整个桥路的闭合回路电流为：

$$-\frac{\dot{U}}{2} + \dot{I}(Z_1 + Z_2) - \frac{\dot{U}}{2} = 0$$

$$\dot{I} = \frac{\dot{U}}{Z_1 + Z_2}$$

$$\dot{U}_0 = \dot{I}Z_2 - \frac{\dot{U}}{2} = \frac{\dot{U}Z_2}{Z_1+Z_2} - \frac{\dot{U}}{2}$$

$$= \frac{\dot{U}}{2}\cdot\frac{Z_2 - Z_1}{Z_1 + Z_2}$$

(1) 处于初始状态时,$Z_1 = Z_2 = Z$,得输出电压

$$\dot{U}_0 = 0$$

(2) 衔铁下移时,$Z_1 = Z - \Delta Z$,$Z_2 = Z + \Delta Z$,得输出电压

$$\dot{U}_0 = \frac{\dot{U}}{2Z}\Delta Z$$

$$K = \frac{\dot{U}_0}{\Delta Z} = \frac{\dot{U}}{2Z}$$

谐振式测量电路有谐振式调幅电路,如图 4.15 所示。

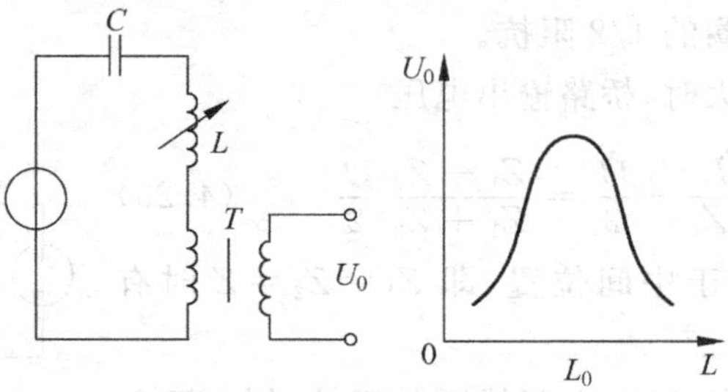

图 4.15　谐振式调幅电路图

在调幅电路中,传感器电感 L 与电容 C 和变压器原边串联在一起,接入交流电源,变压器副边将有电压 U_0 输出,输出电压的频率与电源频率相同,而幅值随着电感 L 而变化。其中 L_0 为谐振点的电感值。该测量电路灵敏度很高,但线性差,适用于线性要求不高的场合。

2) 互感式传感器

互感式传感器是把被测的非电量变化转换为线圈互感量变化的传感器。它根据变压器的基本原理制成,并且次级绕组都用差动形式连接,故又称为差动变压器式传感器。

差动变压器结构形式较多,有变隙式、变面积式和螺线管式等,但其工作原理基本一样。

非电量测量中,应用最多的是螺线管式差动变压器,它可以测量 1～100mm 范围内的机械位移,并具有测量精度高、灵敏度高、结构简单、性能可靠等优点。

(1) 工作原理

螺线管式差动变压器结构图如图 4.16 所示。

它由一个初级线圈,两个次级线圈和插入线圈中央的圆柱形铁心等组成。螺线管式差动变压器按线圈绕组排列的方式不同,可分为一节、二节、三节、四节和五节式等类型。一节式灵敏度高,三节式零点残余电压较小,通常采用的是二节式和三节式两类。

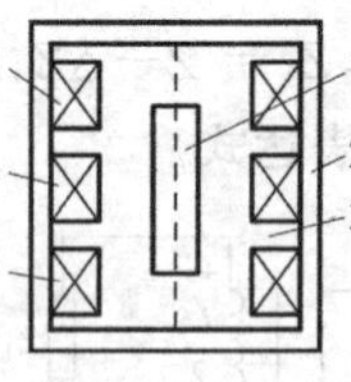

图 4.16　螺线管式差动变压器结构图

1—活动衔铁；2—导磁外壳；3—骨架；4—匝数为 W_1 的初级绕组；5—匝数为 W_{2a} 的次级绕组；6—匝数为 W_{2b} 的次级绕组

差动变压器式传感器中两个次级线圈反向串联,差动变压器等效电路图如图 4.17 所示。

当初级绕组 W_1 加以激励电压 U_1 时,根据变压器的工作原理,在两个次级绕组 W_{2a} 和 W_{2b} 中便会产生感应电势 E_{2a} 和 E_{2b}。

如果工艺上保证变压器结构完全对称,则当活动衔铁处

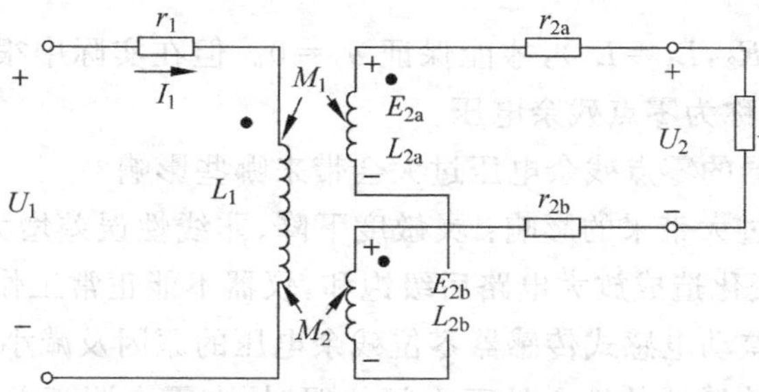

图 4.17　差动变压器等效电路图

于初始平衡位置时，必然会使两互感系数 $M_1=M_2$。根据电磁感应原理，将有 $E_{2a}=E_{2b}$。

变压器两次级绕组反向串联，因而 $U_2=E_{2a}-E_{2b}=0$，即差动变压器输出电压为零。

活动衔铁向上移动时，由于磁阻的影响，W_{2a} 中磁通将大于 W_{2b}，使 $M_1>M_2$，因而 E_{2a} 增加，而 E_{2b} 减小。因为 $U_2=E_{2a}-E_{2b}$，所以当 E_{2a}、E_{2b} 随着衔铁位移 x 变化时，U_2 也必将随 x 变化。变压器输出电压位移关系曲线图如图 4.18 所示。

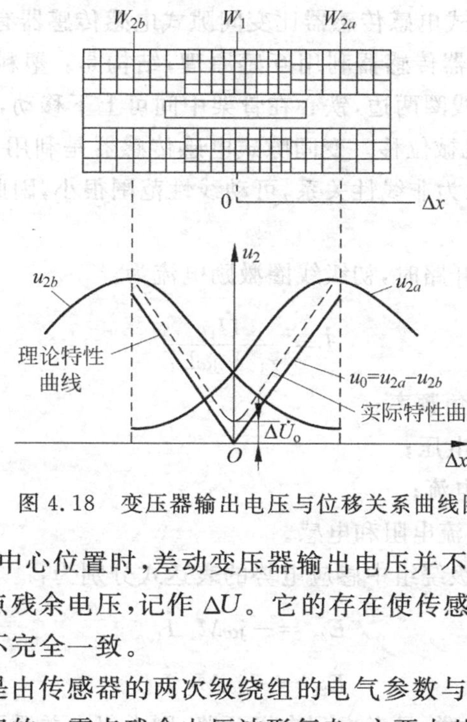

图 4.18　变压器输出电压与位移关系曲线图

实际上，当衔铁位于中心位置时，差动变压器输出电压并不等于零，差动变压器在零位移时的输出电压称为零点残余电压，记作 ΔU。它的存在使传感器的输出特性不过零点，造成实际特性与理论特性不完全一致。

零点残余电压主要是由传感器的两次级绕组的电气参数与几何尺寸不对称，以及磁性材料的非线性等问题引起的。零点残余电压波形复杂，主要由基波和高次谐波组成。

基波产生的主要原因是：传感器的两次级绕组的电气参数和几何尺寸不对称，导致它们产生的感应电势的幅值不等、相位不同，因此不论怎样调整衔铁位置，两线圈中感应电势都不能完全抵消。高次谐波中起主要作用的是三次谐波，产生的原因是由于磁性材料磁化曲线的非线性。

零点残余电压一般在几十毫伏以下，在实际使用时，应设法减小，否则将会影响传感器的测量结果。

例 4.4　什么是电感传感器的零点残余电压？

答：在调幅式电路中，当 $u_0=0$ 时，应有 $Z_1=Z_2=Z$，而 Z 包含两部分 R 和 L，只有两部分分别相等时(即 $R_1=R_2, L_1=L_2$),才能保证 $u_0=0$。但在实际中很难达到,实际的 u_0-x 曲线,$D_x=0$ 时,$u_0=e_0$,称为零点残余电压。

例 4.5 电感传感器的零点残余电压过大会带来哪些影响?

答: 零点残余电压过大带来的影响:灵敏度下降、非线性误差增大,测量有用的信号被淹没,不再反映被测量变化造成放大电路后级饱和,仪器不能正常工作。

例 4.6 说明产生差动电感式传感器零位残余电压的原因及减小此电压的有效措施。

答: 差动变压器式传感器的铁心处于中间位置时,在零点附近总有一个最小的输出电压,称为零点残余电压。

产生零点残余电压的主要原因是由于两个次级线圈绕组电气系数(互感 M、电感 L、内阻 R)不完全相同,几何尺寸也不完全相同,工艺上很难保证完全一致。

为减小零点残余电压的影响,一般要用电路进行补偿:①串联电阻;②并联电阻、电容,消除基波分量的相位差异,减小谐波分量;③加反馈支路,初、次级间加入反馈,减小谐波分量;④相敏检波电路对零点残余误差有很好的抑制作用。

例 4.7 为什么螺线管式电感传感器比变间隙式电感传感器有更大的测位移范围?

答: 螺线管式差动变压器传感器利用互感原理,结构是:塑料骨架中间绕一个初级线圈,两次级线圈分别在初级线圈两边,铁心在骨架中间可上下移动,根据传感器尺寸大小,可测量 1~100mm 范围内的机械位移。变间隙式电感传感器是利用自感原理,衔铁与铁心之间位移(气隙)与磁阻的关系为非线性关系,可动线性范围很小,因此测量范围受到限制。

(2) 等效电路与计算

差动变压器中,当次级开路时,初级线圈激励电流为:

$$\dot{I}=\frac{\dot{U}_1}{r_1+\mathrm{j}\omega L_1} \tag{4.29}$$

式中,ω——激励电压 U_1 的角频率;

U_1——初级线圈激励电压;

I_1——初级线圈激励电流;

r_1、L_1——初级线圈直流电阻和电感。

根据电磁感应定律,次级绕组中感应电势的表达式分别为:

$$\dot{E}_{2a}=-\mathrm{j}\omega M_1\dot{I}_1$$

$$\dot{E}_{2b}=-\mathrm{j}\omega M_2\dot{I}_1 \tag{4.30}$$

由于次级两绕组反向串联,且考虑到次级开路,则由以上关系可得:

$$\dot{U}_2=\dot{E}_{2a}-\dot{E}_{2b}=-\frac{\mathrm{j}\omega(M_1-M_2)\dot{U}}{r_1+\mathrm{j}\omega L_1} \tag{4.31}$$

输出电压的有效值为:

$$U_2=\frac{\omega(M_1-M_2)U_1}{[r_1^2+(\omega L_1)^2]^{\frac{1}{2}}} \tag{4.32}$$

下面分三种情况进行分析。

活动衔铁处于中间位置时:$M_1=M_2=M$,故 $U_2=0$。

活动衔铁向上移动时:$M_1=M+\Delta M, M_2=M-\Delta$,故 U_2 与 E_{2a} 同极性。

活动衔铁向下移动时：$M_1=M-\Delta M, M_2=M+\Delta$，故 U_2 与 E_{2b} 同极性。

(3) 测量电路

差动变压器随衔铁的位移而输出的是交流电压，若用交流电压表测量，只能反映衔铁位移的大小，而不能反映移动方向。

测量值中包含零点残余电压。为了达到辨别移动方向及消除零点残余电压的目的，实际测量时，常常采用差动整流电路和相敏检波电路。

差动整流电路具有结构简单，不需要考虑相位调整和零点残余电压的影响，分布电容影响小和便于远距离传输等优点。

这种电路是把差动变压器的两个次级输出电压分别整流，然后将整流的电压或电流的差值作为输出。

差动整流电路图如图 4.19 所示，电阻 R_0 用于调整零点残余电压。

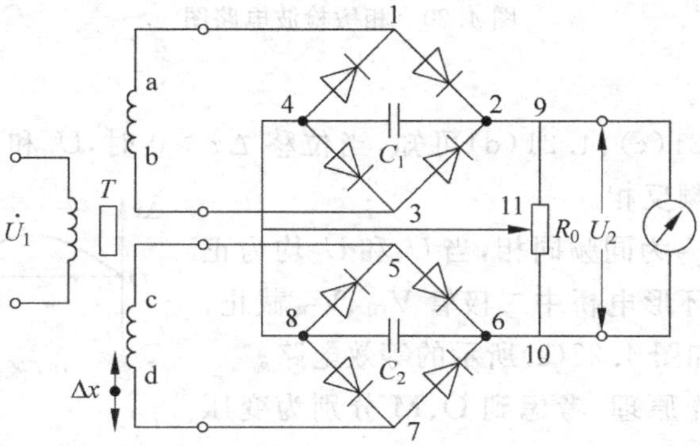

图 4.19　差动整流电路图

从电路结构可知，不论两个次级线圈的输出瞬时电压极性如何，流经电容 C_1 的电流方向总是从 2 到 4，流经电容 C_2 的电流方向从 6 到 8，故整流电路的输出电压为：

$$\dot{U}_2=\dot{U}_{24}-\dot{U}_{68} \tag{4.33}$$

当衔铁在零位时，因为 $\dot{U}_{24}=\dot{U}_{68}$ 所以 $\dot{U}_2=0$；

当衔铁在零位以上时，因为 $\dot{U}_{24}>\dot{U}_{68}$ 所以 $\dot{U}_2>0$；

当衔铁在零位以下时，则有 $\dot{U}_{24}<\dot{U}_{68}$ 所以 $\dot{U}_2<0$。

相敏检波电路图如图 4.20 所示。

相敏检波电路图由 V_{D1}、V_{D2}、V_{D3}、V_{D4} 4 个性能相同的二极管组成，以同一方向串联成一个闭合回路，形成环形电桥。

输入信号(差动变压器式传感器输出的调幅波电压)通过变压器 T_1 加到环形电桥的一个对角线。

参考信号通过变压器 T_2 加入环形电桥的另一个对角线。输出信号 U_o 从变压器 T_1 与 T_2 的中心抽头引出。

平衡电阻 R 起限流作用，避免二极管导通时，变压器 T_2 的次级电流过大。R_L 为负载电阻。U_s 的幅值要远大于输入信号 U_2 的幅值，以便有效控制 4 个二极管的导通状态，且 U_s 和差动变压器式传感器激磁电压 U_2 由同一振荡器供电，保证二者同频、同相(或反相)。信号

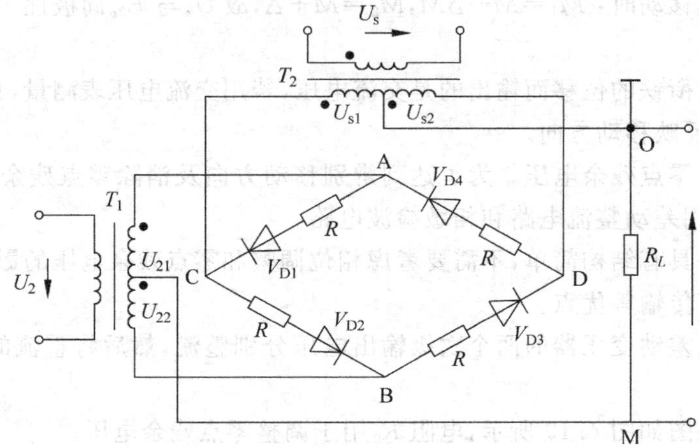

图 4.20　相敏检波电路图

波形图如图 4.21 所示。

由图 4.21(a)、4.21(c)、4.21(d)可知，当位移 $\Delta x>0$ 时，U_s 和 U_2 同频同相；当位移 $\Delta x<0$ 时，U_s 和 U_2 同频反相。

$\Delta x>0$ 时，U_s 和 U_2 为同频同相，当 U_s 和 U_2 均为正半周时，在原理图中，环形电桥中二极管 V_{D1}、V_{D4} 截止，V_{D2}、V_{D3} 导通，则可得如图 4.22(a)所示的等效电路。

根据变压器的工作原理，考虑到 O、M 分别为变压器 T_1、T_2 的中心抽头，则有：

$$U_{s1}=U_{s2}=\frac{U_s}{2n_2}$$

$$U_{21}=U_{22}=\frac{U_2}{2n_1} \tag{4.34}$$

式中，n_1、n_2 为变压器 T_1、T_2 的电压比。

采用电路分析的基本方法，可求得如图 4.22(a)所示电路的输出电压 U_0 的表达式：

$$U_0=\frac{R_LU_{22}}{\frac{R}{2}+R_L}=\frac{R_LU_2}{n_1(R_1+2R_L)} \tag{4.35}$$

同理，当 U_s 和 U_2 均为负半周时，二极管 V_{D2}、V_{D4} 导通，V_{D1}、V_{D3} 截止。其等效电路如图 4.22(b)所示，输出电压 U_0 表达式与式(4.35)相同，说明只要位移 $\Delta x>0$，不论 U_s 和 U_2 是正半周还是负半周，负载 R_L 两端得到的电压 U_0 始终为正。

当 $\Delta x<0$ 时，U_s 和 U_2 为同频反相。采用上述相同的分析方法不难得到当 $\Delta x<0$ 时，不论 U_s 和 U_2 是正半周还是负半周，负载电阻 R_L 两端得到的输出电压 U_0 表达式总是为：

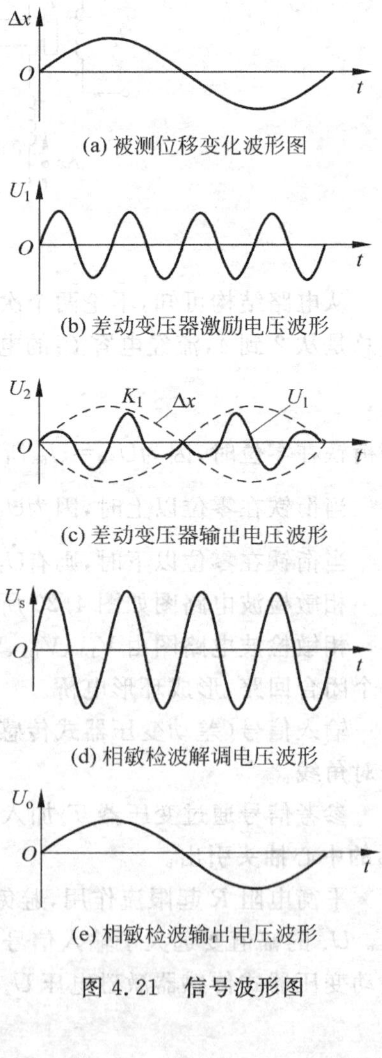

(a) 被测位移变化波形图

(b) 差动变压器激励电压波形

(c) 差动变压器输出电压波形

(d) 相敏检波解调电压波形

(e) 相敏检波输出电压波形

图 4.21　信号波形图

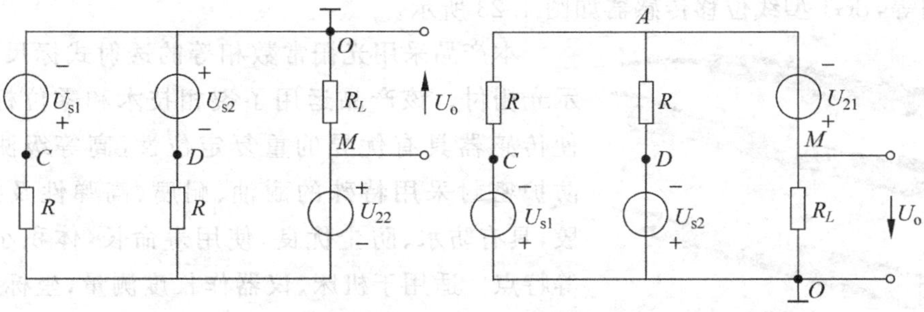

(a) U_s和U_2正半周时等效电路　　(b) U_s和U_2负半周时等效电路

图 4.22　相敏检波等效电路图

$$U_0 = -\frac{R_L U_2}{n_1 (R + 2R_L)} \tag{4.36}$$

所以上述相敏检波电路输出电压U_0的变化规律充分反映了被测位移量的变化规律，即U_0的值反映位移Δx的大小，而U_0的极性则反映了位移Δx的方向。

例 4.8　简述相敏检测电路原理。

答：相敏检测电路原理是通过鉴别相位来辨别位移的方向，即差分变压器输出的调幅波经相敏检波后，便能输出既反映位移大小，又反映位移极性的测量信号。经过相敏检波电路，正位移输出正电压，负位移输出负电压，电压值的大小表明位移的大小，电压的正负表明位移的方向。

四、项目总结

通过本项目的学习，应掌握如下知识重点：①电感式位移传感器的基本原理；②电感式位移传感器的分类及应用特点；③电感式位移传感器的应用电路。

通过本项目的学习，应掌握如下实践技能：①能正确选用差动变压器式位移传感器；②能分析差动变压器式位移传感器的基本原理；③会补偿零点残余电压。

项目 3　光栅位移传感器在数控机床中的应用

一、项目目标

通过该项目的学习，了解光栅式位移传感器的特点，掌握其测量原理，能根据光栅传感器输出的脉冲信号来计算运动部件的位移量。

熟悉光栅位移传感器应用电路的组成、实现方法，会分析简单的故障。

二、项目分析

光栅式位移传感器具有测量精度高、测量范围大、信号抗干扰能力强等优点，在对传统机床进行数字化改造及现代数控机床中，得到广泛的应用。

近年来，我国自行设计、制造了很多光栅式测量长度和角度的计量仪器，如成都远恒精密测控技术有限公司生产的BG1型线位移传感器、长春光机数显技术有限责任公司生产的

SGC 系列等，BG1 型线位移传感器如图 4.23 所示。

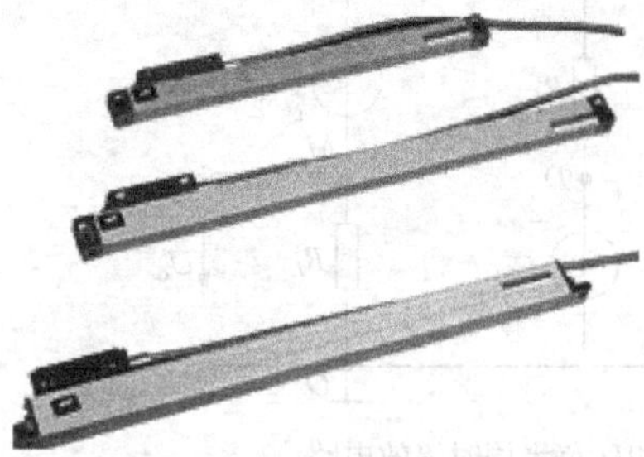

图 4.23　BG1 型线位移传感器

本产品采用光栅常数相等的透射式标尺光栅和指示光栅付。该产品运用了裂相技术和零位标记，从而使传感器具有优异的重复定位性，高等级测量精度。防护密封采用特殊的耐油、耐腐、高弹性及抗氧化塑胶，具有防水、防尘优良，使用寿命长，体积小，重量轻等特点。适用于机床、仪器作长度测量，坐标显示和数控系统的自动测量等。表 4.3 给出了 BG1 型线位移传感器参数。

表 4.3　BG1 型线位移传感器参数表

型　　号	BG1A	BG1B	BG1C
光栅栅距	20μm(0.020mm)、10μm(0.010mm)		
光栅测量系统	透射式红外光学测量系统，高精度性能的光栅玻璃尺		
读数头滚动系统	垂直式五轴承滚动系统，优异的重复定位性，高精度测量精度	45°五轴承滚动系统，优异的重复定位性，高等级的测量精度	
防护尘密封	采用特殊的耐油、耐蚀、高弹性及抗老化塑胶，防水、防尘优良，使用寿命长		
分辨率	0.5μm	1μm	5μm
有效行程	50～3000mm 每隔 50mm 一种长度规格 (整体光栅不接长)		
工作速度	＞60m/min		
工作环境	温度 0～50℃　湿度≤90(20±5℃)		
工作电压	5V±5%　12V±5%		
输出信号	TTL 正弦波(相位相差 90°的 A、B 两个正弦波信号)		

表 4.4 和表 4.5 给出了长春光机数显技术有限公司 SGC 光栅位移传感器的技术参数和输出参数。

表 4.4　SGC 光栅位移传感器技术参数表

主　型　号	SGC-5
输出信号	TTL、HTL、RS-422、～1VPP
有效量程/mm	100～1500
零位参考点	每 50mm 一个、每 200mm 一个、距离编码
栅距/mm	0.02(50 线对/mm)、0.04(25 线对/mm)
分辨率/μm	10、5、1、0.5
精度/μm	±10、±5、±3 (20℃、1000mm)
响应速度/(m/min)	60、120、150
工作温度/℃	0～50
存储温度/℃	40～55

表 4.5　SGC 光栅位移传感器的输出参数表

输出形式	TTL 方波输出	HTL 方波输出	RS-422 信号	正弦波 1Vpp
输出信号	A、B 两路方波相位差 90	A、B 两路方波相位差 90	A、B 两路方波及其反相信号/A、/B	A、B 两路正弦电压信号～1VPP，相位差 90，幅值＝1Vpp±20％
电源电压	5V±5％/＜100mA	(12V、15V、18V、24V)±5％/＜150mA	5V±5％/＜150mA	5V±5％/＜100mA
最大电缆长度	20m	30m	100m	20m
信号周期(t)	40μm、20μm、4μm、2μm、0.4μm			

由表 4.4 和表 4.5 可知，光栅位移传感器的输出信号为两个相位相差 90°的信号，在实际应用中，主要任务就是对传感器输出的信号进行放大、整形、辨向、细分及计数，根据计数结果计算出位移量。

为了光栅位移传感器应用的方便，国内生产光栅位移传感器的厂家都研制了多种型号的光栅数显表，可以和光栅位移传感器进行很好的连接。所以对于用户来说，只要能根据被测量设备(如机床)的最大行程，选择合适的光栅位移传感器及光栅数显表，即可构成数字式位移测量系统。本项目中，将简要介绍数显表的基本原理及组成、重点介绍光栅位移传感器及数显表的安装。

目前，光栅数显表主要有两种类型，即数字逻辑电路数显表和以 MCU 为核心的智能化数显表。前者以传统的放大整形、细分、辨向电路、可逆计数器及数字译码显示器等电路组成。随着可编程逻辑器件的广泛使用，将细分、辨向、计数器、译码驱动电路通过 CPLD 来实现，使得数显表的电路大为简化，体积缩小很多。基于数字逻辑电路的数显表组成框图如图 4.24 所示。

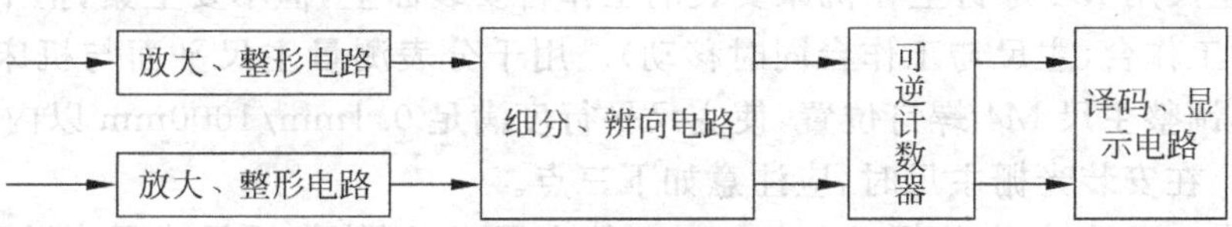

图 4.24　基于数字逻辑电路的数显表组成框图

光栅传感器的输出信号经放大、整形电路后，送到 MCU 并对相关电路进行辨向、细分及计数，处理后将位移值显示在显示器件上。由于微控制器具有强大的处理能力，此类数显表除了能显示位移之外，还能打印实时数据，并可以和上位机进行通信，是数显表的主要方案。基于 MCU 的光栅数显表的组成框图如图 4.25 所示。

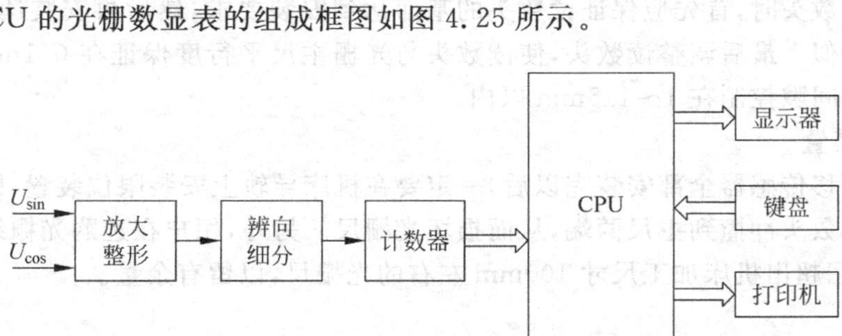

图 4.25　基于 MCU 的光栅数显表的组成框图

三、项目实施

1. 光栅位移传感器安装方式

光栅线位移传感的安装比较灵活，可安装在机床的不同部位，一般将主尺安装在机床的工作台(滑板)上，随机床走刀而动，读数头固定在床身上，尽可能使读数头安装在主尺的下方。其安装方式的选择必须注意切屑、切削液及油液的溅落方向。如果由于安装位置限制必须采用读数头朝上的方式安装时，则必须增加辅助密封装置。另外，一般情况下，读数头应尽量安装在相对机床静止的部件上，此时输出导线不移动易固定，而尺身则应安装在相对机床运动的部件上(如滑板)。

1) 安装基面

安装光栅线位移传感器时，不能直接将传感器安装在粗糙不平的机床身上，更不能安装在打底涂漆的机床身上。光栅主尺及读数头分别安装在机床相对运动的两个部件上。用千分表检查机床工作台的主尺安装面与导轨运动的方向平行度。千分表固定在床身上，移动工作台，要求达到平行度为0.1mm/1000mm以内。如果不能达到这个要求，则需设计加工一件光栅尺基座。基座要求做到：①应加一根与光栅尺尺身长度相等的基座(最好基座长出光栅尺50mm左右)；②该基座通过铣、磨工序加工，保证其平面平行度在0.1mm/1000mm以内。另外，还需加工一件与尺身基座等高的读数头基座。读数头的基座与尺身的基座总共误差不得大于±0.2mm。安装时，调整读数头位置，达到读数头与光栅尺尺身的平行度为0.1mm左右，读数头与光栅尺尺身之间的间距为1～1.5mm左右。

2) 主尺安装

将光栅主尺用M4螺钉上在机床安装的工作台安装面上，但不要上紧，把千分表固定在床身上，移动工作台(主尺与工作台同时移动)。用千分表测量主尺平面与机床导轨运动方向的平行度，调整主尺M4螺钉位置，使主尺平行度满足0.1mm/1000mm以内时，把M2螺钉彻底上紧。在安装光栅主尺时，应注意如下三点。

(1) 在装主尺时，如安装超过1.5m以上的光栅时，不能像桥梁式只安装两端头，尚需在整个主尺尺身中有支撑。

(2) 在有基座情况下安装好后，最好用一个卡子卡住尺身中点(或几点)。

(3) 不能安装卡子时，最好用玻璃胶粘住光栅尺身，使基尺与主尺固定好。

3) 读数头的安装

在安装读数头时，首先应保证读数头的基面达到安装要求，然后再安装读数头，其安装方法与主尺相似。最后调整读数头，使读数头与光栅主尺平行度保证在0.1mm之内，其读数头与主尺的间隙控制在1～1.5mm以内。

4) 限位装置

光栅线位移传感器全部安装完以后，一定要在机床导轨上安装限位装置，以免机床加工产品移动时读数头冲撞到主尺两端，从而损坏光栅尺。另外，用户在选购光栅线位移传感器时，应尽量选用超出机床加工尺寸100mm左右的光栅尺，以留有余量。

5) 检查

光栅线位移传感器安装完毕后，可接通数显表，移动工作台，观察数显表计数是否正常。在机床上选取一个参考位置，来回移动工作点至该选取的位置。数显表读数应相同(或回零)。另外也可使用千分表(或百分表),使千分表与数显表同时调至零(或记忆起始数据),往返多次后回到初始位置,观察数显表与千分表的数据是否一致。通过以上工作,光栅传感器的安装就完成了。但对于一般的机床加工环境来讲,铁屑、切削液及油污较多。因此,光栅传感器应附带加装护罩,护罩的设计是按照光栅传感器的外形截面放大留一定的空间尺寸确定,护罩通常采用橡皮密封,使其具备一定的防水防油能力。

2. 光栅位移传感器的使用注意事项

(1) 光栅传感器与数显表插头座插拔时应在关闭电源后进行。

(2) 尽可能外加保护罩,并及时清理溅落在尺上的切屑和油液,严格防止任何异物进入光栅传感器壳体内部。

(3) 定期检查各安装连接螺钉是否松动。

(4) 为延长防尘密封条的寿命,可在密封条上均匀涂上一薄层硅油,注意勿溅落在玻璃光栅刻划面上。

(5) 为保证光栅传感器使用的可靠性,可每隔一定时间用乙醇混合液(各50%)清洗擦拭光栅尺面及指示光栅面,保持玻璃光栅尺面清洁。

(6) 光栅传感器严禁剧烈震动及摔打,以免破坏光栅尺,如光栅尺断裂,光栅传感器即失效了。

(7) 不要自行拆开光栅传感器,更不能任意改动主栅尺与副栅尺的相对间距,否则一方面可能破坏光栅传感器的精度;另一方面还可能造成主栅尺与副栅尺的相对摩擦,损坏铬层也就损坏了栅线,从而造成光栅尺报废。

(8) 应注意防止油污及水污染光栅尺面,以免破坏光栅尺线条纹分布,引起测量误差。

(9) 光栅传感器应尽量避免在有严重腐蚀作用的环境中工作,以免腐蚀光栅铬层及光栅尺表面,破坏光栅尺质量。

3. 光栅位移传感器常见故障现象及判断方法

1) 接电源后数显表无显示

(1) 检查电源线是否断线,插头接触是否良好。

(2) 数显表电源保险丝是否熔断。

(3) 供电电压是否符合要求。

2) 数显表不计数

(1) 将传感器插头换至另一台数显表,若传感器能正常工作说明原数显表有问题。

(2) 检查传感器电缆有无断线、破损。

3) 数显表间断计数

(1) 检查光栅尺安装是否正确,光栅尺所有固定螺钉是否松动,光栅尺是否被污染。

(2) 插头与插座是否接触良好。

(3) 光栅尺移动时是否与其他部件刮碰、摩擦。

(4) 检查机床导轨运动副精度是否过低,造成光栅工作间隙变化。

4) 数显表显示报警

(1) 没有接光栅传感器。

(2) 光栅传感器移动速度过快。

(3) 光栅尺被污染。

5) 光栅传感器移动后只有末位显示器闪烁

(1) A或B相无信号或不正常只有一相信号。

(2) 有一路信号线不通。

(3) 光敏三极管损坏。

6) 移动光栅传感器只有一个方向计数,而另一个方向不计数(即单方向计数)

(1) 光栅传感器A、B信号输出短路。

(2) 光栅传感器A、B信号移相不正确。

(3) 数显表有故障。

7) 读数头移动发出吱吱声或移动困难

(1) 密封胶条有裂口。

(2) 指示光栅脱落,标尺光栅严重接触摩擦。

(3) 下滑体滚珠脱落。

(4) 上滑体严重变形。

8) 新光栅传感器安装后,其显示值不准

(1) 安装基面不符合要求。

(2) 光栅尺尺体和读数头安装不合要求。

(3) 严重碰撞使光栅副位置变化。

4. 知识链接

1) 光栅的分类

光栅是由很多等节距的透光缝隙和不透光或者反射光和不反射光的刻线均匀相间排列成的光学器件,如图4.26所示,a为透光缝隙宽度,b为栅线宽度,$w=a+b$为光栅栅距(也称光栅节距或光栅常数)。利用光栅制成的光栅传感器可以实现精确的位移测量,常用于高精度机床和仪器的精密定位或长度、速度、加速度及振动等方面的测量。

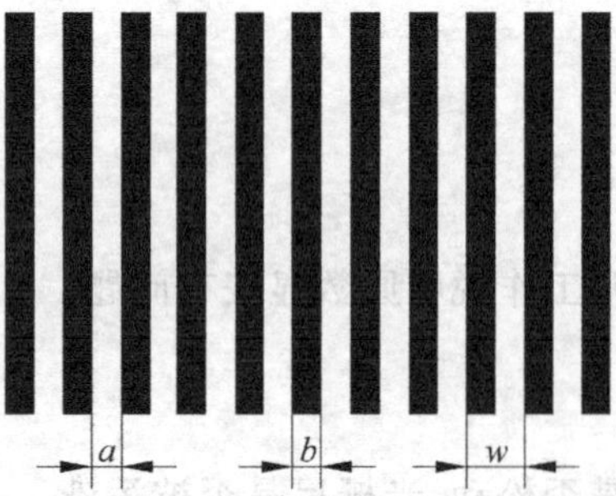

图4.26 长型光栅

光栅的种类很多,按其原理和用途不同,可分为物理光栅和计量光栅。物理光栅是利用光的衍射现象制造的,主要用于光谱分析和光波长等物理量的测量。计量光栅是利用光的透射和反射现象,常用于位移测量,具有很高的分辨力,可达0.1μm。

计量光栅根据光线的传送方向可分为透射式光栅和反射式光栅。透射式光栅一般是用光学玻璃作基体,在其上均匀地刻划间距、宽度相等的条纹,形成连续的透光区和不透光区;反射式光栅一般使用具有强反射能力的材料(如不锈钢)作基体,在其上用化学方法制出黑白相间的条纹,形成反光区和不反光区。

计量光栅根据光栅的形状和用途可分为长光栅和圆光栅。长光栅用于直线位移测量,故又称为直线光栅;圆光栅用于角位移测量,两者工作原理基本相同。本节内容主要以长光栅为例进行介绍。

2) 光栅传感器工作原理

光栅传感器主要由光源、光栅副和光敏元件三大部分组成。其中，光栅副由标尺光栅（也称主光栅）和指示光栅组成，标尺光栅和指示光栅的刻线完全一样，将二者叠合在一起，中间保持很小的间隙（0.05～0.1mm），并使两者栅线形成很小的夹角 θ，测量时主光栅不动，指示光栅安装在运动部件上，随运动部件在和主光栅栅线垂直的方向上移动，两者之间形成相对运动。光栅传感器的组成示意图如图 4.27 所示。

莫尔条纹示意图如图 4.28 所示。

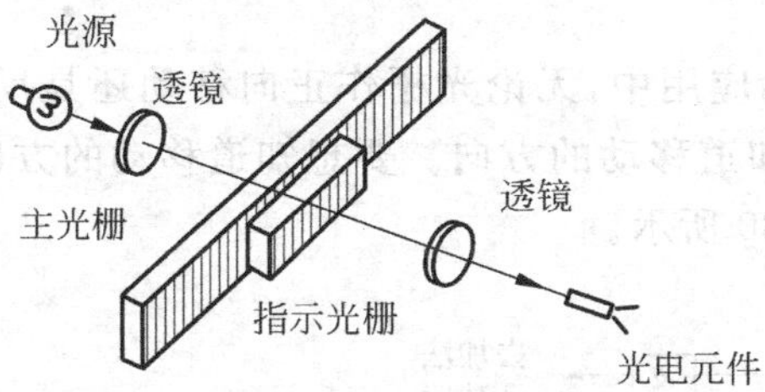

图 4.27　光栅传感器的组成示意图

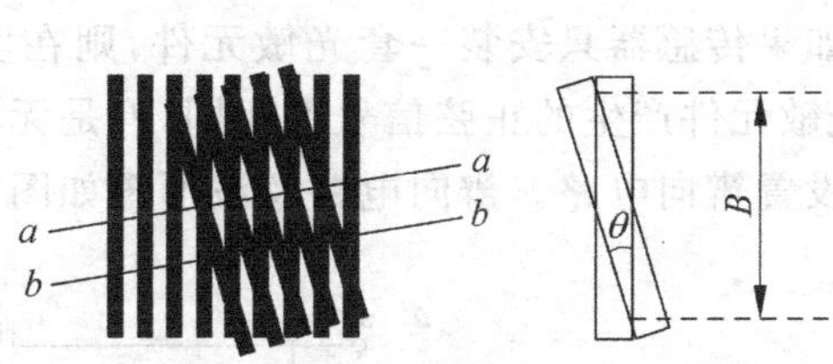

图 4.28　莫尔条纹示意图

在两光栅刻线重合处，光从缝隙透过，形成亮带，如图 4.28 中 a-a 线所示；在两光栅刻线的错开处，由于相互挡光作用而形成暗带，如图 4.28 中 b-b 线所示。

这种由亮带和暗带形成的明暗相间的条纹称为莫尔条纹，条纹方向与刻线方向近似垂直，通常在光栅的适当位置安装两个光电传感器（指示光栅刻线之间及与其相差 1/4 栅距的地方，保证其相位相差 90°）。当指示光栅沿水平方向自左向右移动时，莫尔条纹的亮带和暗带（a-a 线和 b-b 线）将顺序自下向上移动，不断地掠过光敏元件，光敏元件检测到的光信号按强-弱-强循环变化，光敏元件输出类似于正弦波的交变信号，每移动一个栅距 w，光强变化一个周期，光栅位移输出电压的关系如图 4.29 所示。

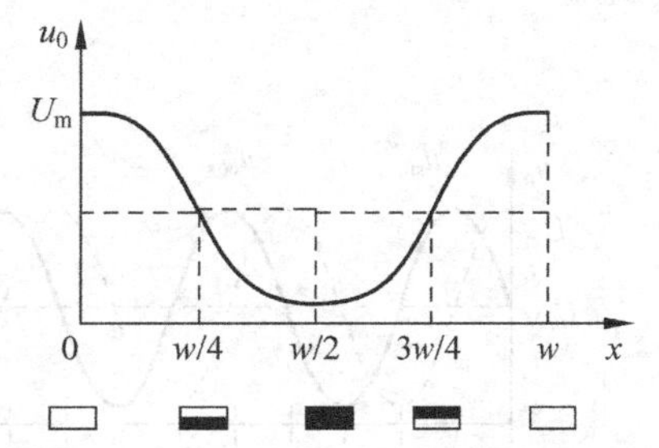

图 4.29　光栅位移与输出电压的关系

莫尔条纹的基本特征如下：

(1) 莫尔条纹是由光栅的大量刻线共同形成的，对光栅的刻线误差有平均作用，从而能在很大程度上消除光栅刻线不均匀引起的误差。

(2) 当两光栅沿与栅线垂直方向作相对移动时，莫尔条纹则沿光栅刻线方向移动（两者的运动方向方向相互垂直）；光栅反向移动，莫尔条纹也反向移动。图 4.28 中，当指示光栅向右移动时，莫尔条纹向上运动。

(3) 莫尔条纹的间距是放大的光栅栅距，它随着光栅刻线夹角而改变。由于 θ 很小，所以其关系可用式(4.37)表示：

$$B = W/\sin\theta \approx W/\theta \tag{4.37}$$

式中，B——莫尔条纹间距

W——光栅栅距

θ——两光栅刻线夹角，必须以弧度(rad)为单位。

从式中可知，θ越小，B越大，相当于把微小的栅距扩大了$1/\theta$倍。由此可见，计量光栅起到光学放大作用。例如，对25线/mm长光栅而言，$W=0.04$mm，若$\theta=0.02$rad，则$B=2$mm。计量光栅的光学放大作用与安装角度有关，而与两光栅的安装间隙无关。莫尔条纹的宽度必须大于光敏元件的尺寸，否则光敏元件无法分辨光强的变化。

(4) 莫尔条纹移过的条纹数与光栅移过的刻线数相等。例如，采用100线/mm光栅时，若光栅移动了1mm，则从光电元件面前掠过的莫尔条纹数为100条，光电元件也将产生100个脉冲，通过对脉冲进行计数，即可知道实际的移动距离。

3) 辨向及细分原理

(1) 辨向原理

如果传感器只安装一套光敏元件，则在实际应用中，无论光栅作正向移动还是反向移动，光敏元件产生的正弦信号都相同，但是无法知道移动的方向。要想知道移动的方向，必须要设置辨向电路。辨向电路及波形图如图4.30所示。

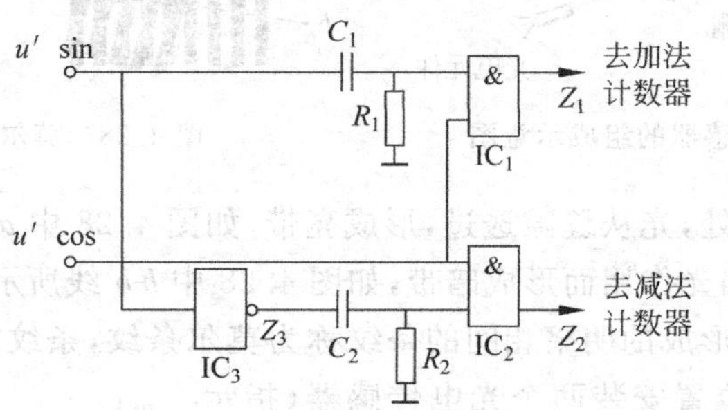

(a) 辨向电路

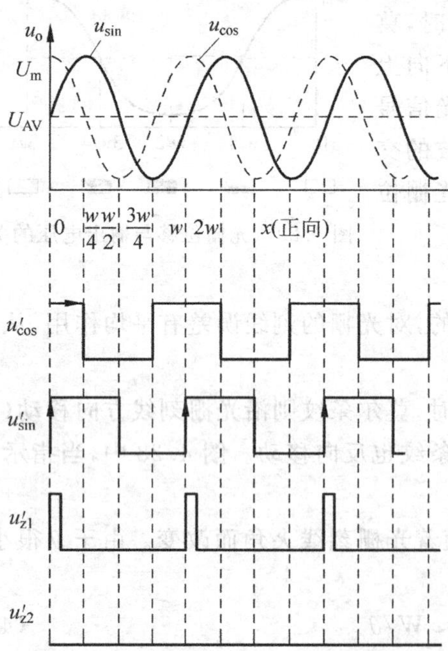

(b) 正向运动波形图

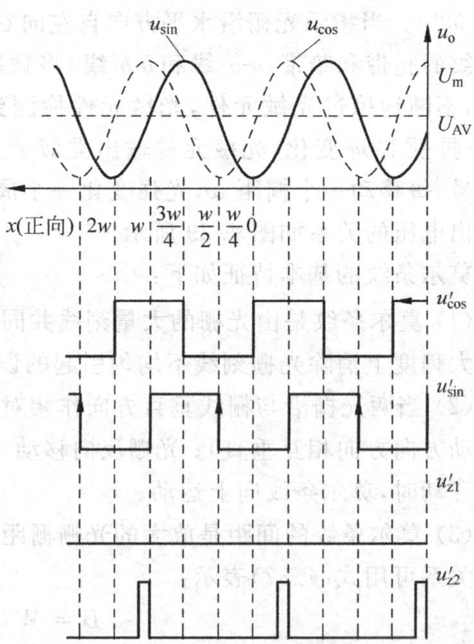

(c) 反向运动的波形图

图4.30　辨向电路及波形图

通常可以在沿光栅线的方向上相距 1/4 栅距的距离上安装两套光电元件(得到 sin 和 cos 两个信号),这样就可以得到两个相位相差 90°的电信号 $u_{\sin}$和 $u_{\cos}$。经放大、整形后得到 $u'_{\sin}$和 $u'_{\cos}$两个方波信号,分别送到图 4.30(a)的辨向电路。由图 4.30(b)可以看出,$u'_{\sin}$的上升沿经微分电路后产生的尖脉冲正好与 $u'_{\cos}$的高电平相与,IC_1 处于开门状态,与门 IC_1 输出计数脉冲,表示正向移动。而 $u'_{\cos}$经 IC_3 反相后产生微分脉冲被 $u'_{\cos}$的低电平封锁,与门 IC_2 输出低电平。反之,当指示光栅向左移动时,由图 4.30(c)可以看出,IC_1 关闭,IC_2 产生计数脉冲,IC_1 输出低电平。将 IC_1 和 IC_2 的输出分别送到可逆计数器的加法计数端和减法计数端,用计数值与栅距相乘,即可得到相对于某个参考点的位移量,即

$$X = N \cdot W \tag{4.38}$$

(2) 细分技术

由前所述,若只对光栅传感器输出的脉冲信号进行计数,其分辨率是一个 W,在有些要求精密的测量系统中,则要求更高的分辨力,此时可以采用细分技术。所谓细分技术,是指在不增加光栅刻线的情况下提高光栅的分辨力,即在一个栅距 W 内,能得到更多的脉冲个数,则其分辨力比 W 更小。细分的方法主要是采用倍频法来实现,常见的有 4 倍频和 16 倍频。

常见位移传感器参数及特点如表 4.6 所示。

表 4.6　常见位移传感器参数及特点

类型			测量范围	精确度	线性度	特点
电阻式	滑线式	线位移	1～300mm	±0.1%	±0.1%	分辨力较高,可用于静、动态测量,机械结构不牢
		角位移	0°～360°	±0.1%	±0.1%	
	变阻式	线位移	1～3000mm	±0.5%	±0.5%	分辨力低、电噪声大,机械结构牢固
		角位移	0～60 周	±0.5%	±0.5%	
	应变片式	非粘贴式	±0.15%	0.1%	0.1%	不牢固
		粘贴式	±0.3%	2%～3%		牢固、需要温度补偿和高绝缘电阻
		半导体式	±0.25%	2%～3%	±20%	输出大,对温度敏感
电容式	变面积		10^{-3}～100mm	0.005%	±1%	易受温度、湿度变化影响,测量范围小,线性范围小,分辨力高
	变极距		10^{-3}～10mm	0.1%	±1%	
电感式	自感式	变间隙式	±0.2mm	1%	±3%	限于微小位移测量
		螺线管式	1.5～2mm	1%		方便可靠、动态特性差
		特大型	200～300mm	1%	0.15%～1%	
	差动变压器式		±0.08～75mm	1%	±0.5%	分辨力很高,有干扰磁声时需屏蔽
	电涡流式		0～100mm	±0.5% ±1%～3%	<3%	分辨力很高,受被测量物体材质、形状、加工质量影响
	同步机		360°	±0.1°～0.7°	±0.05%	对温度、湿度不敏感,可在 120r/min 转速下工作
	微动同步器		±10°	±0.1°～0.7°	±0.05%	非线性误差与电压比及测量范围有关
	旋转变压器		±60°	±0.1°～0.7°	±0.1%	

续表

类　型		测量范围	精确度	线性度	特　点
感应同步器	直线式	10^{-3}～10 000mm	2.5μm 250mm		模拟和数字混合测量系统数显，直线式分辨力可达1μm
	旋转式	0°～360°	0.5″		
光栅	长光栅	10^{-3}～10 000mm	3μm/m		工作方式与感应同步器相同，直线式分辨力可达0.1～1μm
	圆光栅	0°～360°	0.5″		
磁栅	长磁栅	10^{-3}～1000mm	5μm/m		测量工作速度可达12m/min
	圆磁栅	0°～360°	1″		
转角编码器	绝对式	0°～360°	10^{-6}/r		分辨力高，可靠性高
	增量式	0°～360°	10^{-3}/r		
霍尔元件	线性型	±1mm	0.5%	1%	结构简单、动态特性好，分辨力可达1μm，对温度敏感，量程大
	开关型	＞2m	0.5%	1%	
激光		2m			分辨力0.2μm
光纤		0.5～5mm	1%～3%	0.5%～1%	体积小、灵敏度高，抗干扰；量程有限，制造工艺要求高
光电		±1mm			高精度、高可靠、非接触测量，分辨力可达1μm，缺点是安装不方便

四、项目总结

通过本项目的学习，应掌握如下知识重点：①了解光栅位移传感器的基本原理；②光栅位移传感器的特点；③光栅位移传感器的应用电路。

通过本项目的学习，应掌握如下实践技能：①能正确选用光栅位移传感器；②能进行光栅位移传感器的安装；③能调试光栅位移传感器的应用电路、进行简单的故障处理。

阅读材料　位移测量技术及其传感器的最新发展

当今世界位移测量技术最新的发展和最新型的位移传感器，将数控技术和数控机床推向更高精度、更高速度、更高可靠、更高效率的发展，也将数显技术和数显量具推向一个新的高度。

1. 最新发展主要体现

(1) 绝对式光栅尺在控制系统中逐步取代现在通用的增量式光栅尺，并广泛应用于反馈控制系统和数控机床。采用绝对式光栅尺的测量系统在设备通电的同时后续电路就可以获得绝对位置，不再需要在开机后寻找参考零位，提高了系统的可靠性和工作效率。

(2) 单场扫描光栅尺将逐步取代现在通用的四场扫描光栅尺。这将大幅度提高光栅尺的精度、分辨力、速度和抗污染的能力。这是光栅传感器最重要的发展，使光栅测量系统达到了一个新的技术高度。

(3) 量具目前普遍采用的增量式容栅测量系统是不能防水的，有一半的容栅量具将会被防水型绝对式电磁感应式测量系统所取代，尤其是数显卡尺。因为容栅是变电容栅式测量系统，空气作为介质要受到湿度的影响，在不改变数显卡尺的栅式结构条件下采用变电感的测量系统，就能防水，将容栅的防护等级从IP40提高到IP67；另外，在增量式码道旁边再增加绝对式码道，采用绝对式编码技术通电后不需要对零，在点位测量时也不会产生超速错误。今后普及型的量具仍会采用容栅测量系统，而防水型的都会采用电磁感应测量系统。

2. 绝对式光栅尺

现代位移测量系统普遍采用光栅、磁栅、感应同步器、球栅和容栅等栅式测量系统，都是应用了重复周期的结构设计，位移的测量都是采用增量测量方法，也就是在确定初始点后要用读出从初始点到所在位置的增量数步距来确定位置。因此设备在开机后每个轴需要移动一个位置寻找参考标记。

近几年来，为了解决开机后机床各个轴在不移动的情况下，光栅尺就能够提供当前绝对位置的数据，德国HEIDENHAIN、日本三丰MITUTOYO、西班牙FAGOR等公司都开发了绝对式光栅尺，并成功用于数控机床。绝对式测量是现代测量技术发展的趋势，在位移传感器上会得到广泛的应用，日本三丰公司已将增量式容栅数显卡尺用新一代绝对式容栅数显卡尺替代，新推出的防水数显卡尺也采用绝对式电磁感应测量系统。日本SONY公司正在研发绝对式磁栅尺，即将推出新产品。英国NEWALL公司也在推出绝对式球栅传感器。绝对式直线传感器首先应用在反馈控制系统中，尤其是数控机床中，现在FANUC、SIEMEMS、三菱MITSUBISHI等许多数控设备生产厂家都在采用。总之，绝对式直线传感器有显著优点，是当前发展起来的新一代产品，将使数控机床反馈控制系统提高到一个新的高度。

新一代绝对式光栅尺一般是在标尺上做两个码道，一个是绝对码道，将不同宽度和不同间距的栅线以绝对位置数据用编码形式直接制作到标尺上用来确定绝对位置；另外一个码道是增量码道，用来确定光栅的精度和分辨力。绝对式光栅尺还需要提供和数控系统接口的通信协议。

1997年，HEIDENHAIN推出绝对式光栅尺LC181，在该玻璃标尺上有7个码道，其中增量码道的信号周期为16μm，由EnDat接口传输绝对位置和增量信号，测量分辨力从1μm到0.1μm，准确度±5μm、±3μm，最大测量长度3040mm，最大速度120m/min。2000年后又推出LC481，在标尺上只设了两个码道，一个是增量码道栅距为20μm，一个是绝对码道，最大测量长度为2040mm，防护等级为IP53和IP64。

专门生产容栅数显的SYLVAC公司成立后，容栅很快就应用于数显卡尺、千分表、测高仪和测长仪。常用容栅测量系统的分辨率为1μm、5μm和10μm，测量速度是1～2m/s。容栅最大测量范围高度仪是2m，长度仪是3m，系统测量精度为(3+Lmm/300)μm。容栅测量系统主要优点是生产成本低、功耗小、速度快，所以在量具量仪上得到广泛应用，但是分辨力在1μm和1μm以下的测量系统一般都采用光栅测量系统。

容栅数显卡尺最大的问题是不能防水，数显卡尺生产厂家纷纷寻找能防水的测量系统。日本MITUTOYO三丰公司在2000年10月推出了采用电磁感应原理的绝对式编码的防护等级为IP65的防水卡尺CD-G系列，当年销售5万支。2003年10月推出IP66防水卡尺CD66-P系列，当年销售15万支；2004年1月又推出IP67防水卡尺CD67-PS系列，当年销售10万支。2004年11月1日将IP67太阳能防水卡尺CD67-SPS系列在日本东京国际机床展览会JIMTOF2004上展出，预计销售3000支，太阳能防水卡尺的太阳能电池的使用寿命为10年。2001年，瑞士TESA公司也推出了采用磁栅原设计的防水型数显卡尺TESA-CAL IP65，2004年，又推出可以放入水中的防水卡尺TESA-CAL IP67。SYLVAC和MAHR也推出IP65的防水型数显卡尺。

日本三丰MITUTOYO公司2003年也推出用于反馈系统的绝对式光栅尺AT500系列，在标尺上采用了三个码道，中间是增量码道栅距为20μm，两边为绝对码道，测量分辨力为0.5μm和0.05μm，最高速度为150m/min和120m/min，准确度为±3μm/±5μm，最大测量长度3m，防护等级为IP53和IP64。在FANUC、三菱的数控系统上普遍采用。

西班牙FAGOR公司在2004年7月也宣布有绝对式光栅尺，在标尺上有两个码道，一个是增量码道栅距为20μm，另一个是绝对码道。FAGOR的绝对式光栅尺有两个系列，SA/SVA系列测量长度为140～2040mm，GA系列测量长度为140～3040mm，最大速度为120m/min，分辨力为0.1μm，防护等级也为IP53和IP64。

3. 单场扫描的光栅传感器

光电单场扫描原理是新一代扫描原理，2004年由德国HEIDENHAIN公司提出，其优点是提高了光栅传感器输出信号的质量和抗污染能力。其显著的效果是提高了光栅传感器的定位精度、分辨力和运行速度，以及对污染特别不敏感。

单场扫描的信号生成，是将光栅传感器的指示光栅作成一个和标尺光栅宽度差不多的单场扫描光栅掩模，其栅距和标尺光栅的栅距略有不同，这样一来就可以在扫描光栅掩模指示光栅的全长上产生多组例如8组明暗交替花样的条纹，并起到了光学滤波作用，每组能够生成4个相位差90°的区域，可以产生高质量正弦波信号。接收元件为特制的含4个相位的多组硅光电池，不但接收面积增大而且多个接收元件的平均效应提高了信号精度和强度以及抗污染的能力。

单场扫描光栅尺由于覆盖光栅标尺全宽的大尺寸扫描区以及多组栅状扫描区的平均效应使得光栅尺的一个信号周期内位置误差大大减小，小于一个信号周期的0.5%，若栅距为20μm即小于0.1μm，精度提高一倍以上，并且信号强度大，运行速度高，稳定性好，抗污染能力强。现用的这种单场扫描的光栅尺的栅距为20μm，通过细分可以达到或超过0.1μm的分辨力，测量速度从120m/min可以提高到180m/min，这种封闭式光栅尺在大流量冷却液冲淋下可以连续运行12h，测量精度优于传统四场扫描光栅尺，这是光栅成像测量原理的重大发展。

4. 防水绝对式数显卡尺

容栅测量系统是在1973年问世，1974年TRIMOS公司最先在测高仪上应用，1980年三丰公司的普及型数显卡尺主要还是容栅绝对式编码(Electrostatic capacity type absolute encoder)卡尺"ABSOLUTE"，是电子卡尺的第二代产品，只要打开开关便可以开始测量，不需要另外置零，也不会产生超速错误。该产品在日本本土的产量为200万支。其技术应用在三丰公司生产的数显卡尺和数显千分表上。

复习与训练

一、填空

1. 电容传感器中，变面积式常用于测量较大的(　　)。

2. 电感式传感器是利用电磁感应的原理将被测非电量转换为线圈的(　　)系数或互感变化的装置。

3. 差动变压器式传感器铁心位移变化使一次绕组与二次绕组之间的(　　)参数发生变化。

4. 差动变压器式传感器理论上讲，衔铁位于中心位置时输出电压为零，而实际上差动变压器输出电压不为零，这个不为零的电压称为(　　)。

二、判断

1. 螺管型电感传感器采用差动结构也不能完全消除非线性误差。(　　)

2. 自感式电感传感器的测量电路是采用交流供电的电桥电路。(　　)

3. 变间隙电感传感器采用差动结构也不能完全消除非线性误差。(　　)

4. 自感式电感传感器改变空气隙等效截面积类型变换器转换关系为非线性的，改变空气隙长度类型的为线性的。(　　)

5. 造成电感传感器零点残余电压的原因是由于电感线圈受外界磁场的干扰。(　　)

三、计算

1. 某平板式电容位移传感器如图 4.31 所示，已知：极板尺寸 $a=b=4$mm，极板间隙 0.5mm，极板间介质为空气。求该传感器静态灵敏度；若极板沿 x 方向移动 2mm，求此时电容量。(已知真空介电常数为 8.85×10^{-12}F/m。)

2. 有一只变极距型电容传感器元件，两极板重叠的有效面积为 $8\times10^{-4}\text{m}^2$，两极板之间的距离为 1mm，已知空气的相对介电常数为 1.0006，试计算该传感器的位移灵敏度。

3. 差动式变极距型电容传感器，若初始容量 $C_1=C_2=80$pF，初始距离 $\delta_0=4$mm，当动极板相对于定极板位移了 $\Delta\delta=0.75$mm 时，试计算其非线性误差。若改为单极平板电容，初始值不变，其非线性误差有多大？

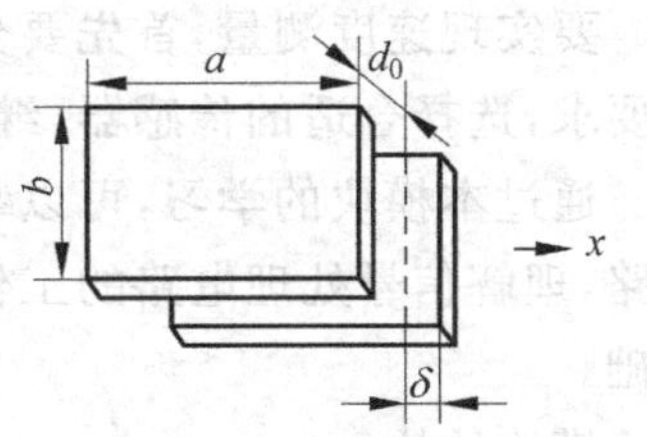

图 4.31　平板式电容位移传感器结构图

模块 5　速度传感器的应用

引入项目

概述

速度是机械行业常见的测量参数之一，用来测定电机的转速、线速度或频率。常用于电机、电扇、造纸、塑料、化纤、洗衣机、汽车、飞机、轮船等制造业。速度测量主要分为两种，即线速度和角速度(转速)。目前，线速度的测量主要采用时间、位移计算法；转速测量的方法有多种，主要分为计数式、模拟式、同步式三大类，应用比较多的是计数式，计数式又可分为机械式、光电式和电磁式。随着计算机的广泛应用，自动化、信息化技术的要求，电子式转速测量已占主流，成为多数场合转速测量的首选，本模块主要介绍电子式转速测量的实现方法。

要实现速度测量，首先要分析测量的对象，根据被测对象的特点、现有条件及测量精度等要求，选择合适的传感器，继而配合相应的电子电路来实现。

通过本模块的学习，可以掌握测量速度所用传感器的类型、特点、应用场合及信号处理电路，理解信号处理电路的工作原理及测量方法，掌握传感器的选用原则，为工程应用打下基础。

模块结构

- 速度测量
  - 霍尔开关传感器在转速仪中的应用
  - 光电对射传感器在转速测量仪中的应用
  - 磁电传感器在转速测量仪中的应用

预备知识

- 霍尔效应
- 光电效应

• 电磁感应原理

项目1　霍尔开关传感器在转速测量中的应用

一、项目目标

通过本项目的学习，帮助读者掌握霍尔传感器的基本原理，熟悉霍尔传感器的基本特性，掌握霍尔传感器的应用电路。

利用霍尔传感器设计一转速计，模拟式显示，测速范围：＜10 000 转/分(rpm)。

二、项目分析

霍尔传感器往往用于被测旋转轴上已经装有铁磁材的齿轮上，或者在非磁性盘上安装若干个磁钢，也可利用齿轮上的缺口或凹陷部分来实现检测。目前，用于测速的霍尔传感器主要为霍尔开关集成传感器及霍尔接近开关。

目前，国内外霍尔开关集成传感器的型号很多，如国产的 SH111～SH113 型，其各有A、B、C、D 4 种类型，国产霍尔集成开关传感器的主要参数如表 5.1 所示。

表 5.1　国产霍尔集成开关传感器的主要参数

型号＼参数		截止电源电流/mA	导通电源电流/mA	输出低电平/V	高电平输出电流/μA	导通磁通/mT	截止磁通/mT
SH111 SH112 SH113	A	≤5	≤8	≤0.4	≤10	80	10
	B					60	10
	C					40	10
	D					20	10

国外产常用型号主要有 UGN/UGS 系列，美国产霍尔集成开关传感器的主要参数如表 5.2 所示。

表 5.2　美国产霍尔集成开关传感器的主要参数

型号＼参数		导通磁通/mT		截止磁通/mT	
		最大值	典型值	典型值	最小值
UGN/UGS	3019L	50	42	30	10
	3020L	35	22	16	5
	3040L	20	15	10	5

其基本工作原理是当施加于传感器的磁通小于某一值时，其输出开关是断开的；否则，输出开关为导通。利用这个特性，在被测转轴上装一个非磁性转盘，并在转盘四周均匀地安装若干个磁钢(磁钢数量越多，每转一圈产生的脉冲数就越多)，每转一圈可以产生若干个脉冲信号。

通过 F/V 转换电路，将传感器输出的脉冲信号转换成与之成比例的模拟电压，即可推动指针式仪表进行转速指示。

三、项目实施

1. 电路原理

霍尔转速计主要由装有永久磁铁的转盘、霍尔开关集成传感器、F/V电路、表头及电源几部分组成，霍尔转速表原理图如图5.1所示。

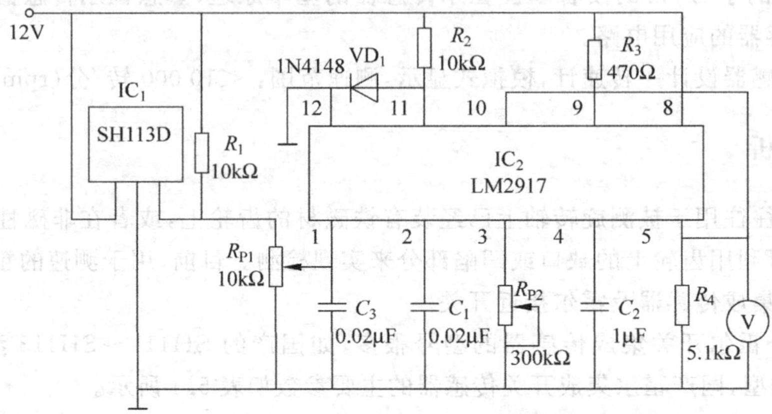

图5.1 霍尔转速表原理图

图中IC_1为霍尔集成开关传感器SH113D，被测转轴每转一圈产生一个脉冲信号。LM2917为F/V专用转换芯片，配合外围电路构成频率/电压转换电路。被测信号经过电位器RP_1接入LM2917的1脚，调节RP_1可以改变输入频率信号的幅度。12V电源经过R_2、二极管VD_1分压后，向芯片内部比较器反相输入端提供0.6V的参考电压(即输入信号的幅度必须大于0.6V)。R_4是输出电压的负载电阻，其取值范围是4.3～10kΩ。0～10V电压表接在R_2两端，用来指示被测频率值(转速)。该电路的输出电压为：

$$U_O = f \times V_{CC} \times R_{P2} \times C_1 \tag{5.1}$$

由式(5.1)可知，在V_{CC}、R_{P2}、C_1一定的情况下，则输出电压U_O只与f成正比，f改变则U_O也改变，根据U_O的值即可知道f的大小。

电路中，若电源电压取12V，当传感器输出信号频率为166.6Hz(即转速为最大值9999转/分，测量仪的最大测速)时，表头应指示在最大值10V处，根据式(5.1)可得$R_{P2} \times C_1 =$ 50ms，若C_1取0.02μF，则R_{P2}的值为250kΩ，为了增加调节范围，R_{P2}取300kΩ。这样，输出电压在一定范围内可调，理论上输出电压最高可达12V。

2. 所需材料及设备

霍尔集成开关传感器SH113D、F/V专用转换芯片LM2917、电阻、电容、电位调节器、二极管IN4148、12V稳压电源。

3. 电路制作

根据原理图，选择合适的元器件制作电路。

电路制作完成后，即可进行电路调试。

4. 电路调试

电路调试主要有两个内容，一是对分度进行标定；二是调节输入 IC_2 的信号幅度。

1）分度标定

可以进行现场调试，也可通过模拟装置进行。为了调试及教学方便，可以用信号发生器提供脉冲信号，模拟传感器输出信号。方法是将信号发生器输出电缆接到 R_{P1} 上端，调节频率调节旋钮使输出信号频率为 166.6Hz，调节 R_{P2}，使电压表指示为 10V 即可。

2）信号幅度调节

调节前首先安装好传感器，将霍尔开关集成传感器的三根线与电路对应端相连，启动机器，电压表应指示转速。若不能指示转速或不准确，则可调节 R_{P1} 加大输入 IC_2 的信号幅度，使电压表指示稳定即可。

5. 霍尔开关集成传感器的安装方式

应用霍尔开关传感器测量转速，安装的位置与被测物的距离视安装方式而定，一般为几到十几毫米。霍尔传感器安装示意图如图 5.2 所示。

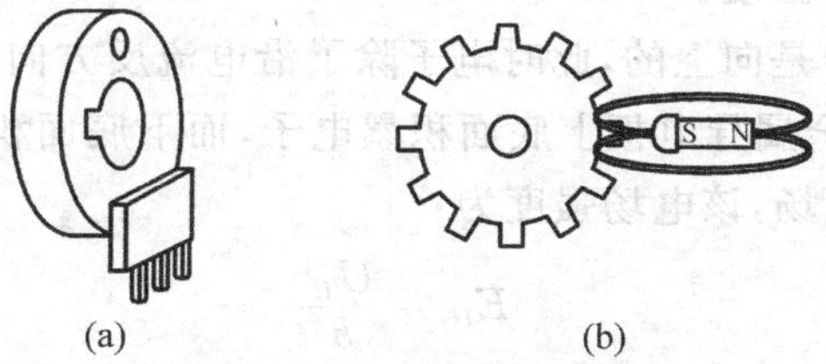

图 5.2 霍尔传感器安装示意图

图 5.2(a)为在一个圆盘上安装一个磁钢，霍尔传感器则安装在圆盘旋转时磁钢经过的地方。圆盘上磁钢的数目可以为 1、2、4、8 个等，均匀地分布在圆盘的一面。图 5.2(b)所示安装方式适用于原转轴上已经有磁性齿轮的场合，此时，工作磁钢固定在霍尔传感器的背面（外壳上没有打标志的一面），当齿轮的齿顶经过传感器时，有较多的磁力线穿过传感器，霍尔集成开关传感器输出导通；而当齿谷经过霍尔开关传感器时，穿过传感器的磁力线较少，传感器输出截止，即每个齿经过传感器时则产生一个脉冲信号。

6. 知识链接

霍尔传感器是基于霍尔效应的一种传感器。1879 年，美国物理学家霍尔首先在金属材料中发现了霍尔效应，但由于金属材料的霍尔效应太弱而没有得到应用。随着半导体技术的发展，开始用半导体材料制成霍尔元件，由于它的霍尔效应显著而得到应用和发展。

1）霍尔效应及霍尔元件

置于磁场中的静止载流导体，当它的电流方向与磁场方向不一致时，载流导体上垂直于电流和磁场方向上的两个面之间产生电动势，这种现象称为霍尔效应，该电势称为霍尔电势，半导体薄片称为霍尔元件。

在垂直于外磁场 B 的方向上放置一个导电板，导电板通以电流 I，方向如图 5.3 所示。

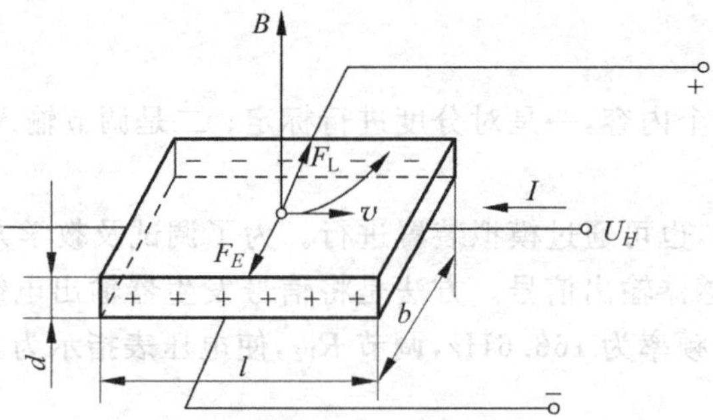

图 5.3 霍尔效应原理图

导电板中的电流是金属中自由电子在电场作用下的定向运动。此时，每个电子受洛仑磁力 F_m 的作用，F_m 的大小为：

$$F_L = -evB \tag{5.2}$$

式中，e——电子电荷；

v——电子运动平均速度；

B——磁场的磁感应强度。

F_L 的方向在图 5.3 中是向上的，此时电子除了沿电流反方向作定向运动外，还在 F_L 的作用下向上漂移，结果使金属导电板上底面积累电子，而下底面积累正电荷，从而形成了附加内电场 E_H，称为霍尔电场，该电场强度为：

$$E_H = \frac{U_H}{b} \tag{5.3}$$

式中，U_H 为电位差。霍尔电场的出现，使定向运动的电子除了受洛伦兹力的作用外，还受到霍尔电场的作用力 F_e，其大小为 $-eE_H$，此力阻止电荷继续累积。随着上、下底面累积电荷的增加，霍尔电场增加，电子受到的电场力也增加，当电子所受洛伦兹力和霍尔电场作用力大小相等、方向相反时，即

$$-eE_H = -evB \tag{5.4}$$

$$E_H = vB$$

$$U_H = bvB \tag{5.5}$$

此时电荷不再向两底面积累，达到平衡状态。

若金属导电板单位体积内电子数为 n，电子定向运动平均速度为 v，则激励电流 $I = nvbd(-e)$，则：

$$v = -\frac{I}{bdne} \tag{5.6}$$

整理得：

$$E_H = -\frac{IB}{bdne} \tag{5.7}$$

式中，令 $R_H = -1/(ne)$，称之为霍尔常数，其大小取决于导体载流子密度，则：

$$U_H = R_H \frac{IB}{d} = K_H IB \tag{5.8}$$

式中，$K_H = R_H/d$ 称为霍尔片的灵敏度。

可见，霍尔电势正比于激励电流及磁感应强度，其灵敏度与霍尔常数 R_H 成正比而与霍尔片厚度 d 成反比。为了提高灵敏度，霍尔元件常制成薄片形状。

霍尔电势的大小还与霍尔元件的几何尺寸有关。一般要求霍尔元件灵敏度越大越好，霍尔元件的厚度 d 与 K_H 成反比，因此，霍尔元件越薄，其灵敏度越高。

一般来说，金属材料载流子迁移率很高，但电阻率很小；而绝缘材料电阻率极高，但载流子迁移率极低。故只有半导体材料适于制造霍尔片。目前常用的霍尔元件材料有：锗、硅、砷化铟、锑化铟等半导体材料。其中，N型锗容易加工制造，其霍尔系数、温度性能和线性度都较好。N型硅的线性度最好，其霍尔系数、温度性能同N型锗相近。锑化铟对温度最敏感，尤其在低温范围内温度系数大，但在室温时其霍尔系数较大。砷化铟的霍尔系数较小，温度系数也较小，输出特性线性度好。

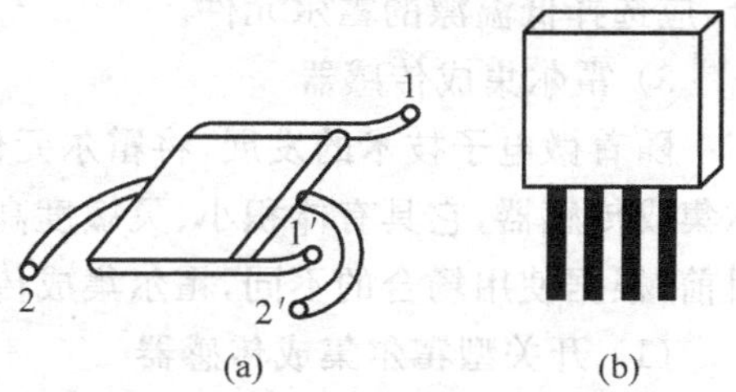

图 5.4　霍尔元件外形及封装图

霍尔元件的结构很简单，它由霍尔片、引线和壳体组成，霍尔元件外形及封装图如图 5.4 所示。

例 5.1　霍尔元件灵敏度为 $R_H=-1/(ned)$，其中：n 为半导体单位体积中的载流子数，e 为电子电荷量，d 为霍尔元件的厚度。为了提高霍尔元件灵敏度，分析霍尔元件在选材和结构设计应中，应注意考虑哪些问题？并说明原因。

答：首先要考虑选材问题，最好选择半导体材料，因为半导体单位体积中的载流子数 n 较小；其次要考虑结构问题，最好选择薄片结构，使厚度 d 变小。

2）霍尔元件的主要技术参数

（1）输入电阻 R_i

霍尔元件两激励电流端的电阻称为输入电阻。它的数值从几十欧到几百欧，视不同型号而定。温度升高，输入电阻变小，从而使输入电流 I_{ab} 变大，最终引起霍尔电动势变大。为了减少这种影响，最好采用恒流源作为激励源。

（2）输出电阻 R_o

两个霍尔电动势输出端之间的电阻称为输出电阻，它的数值与输入电阻为同一数量级。它也随温度改变而改变。选择适当的负载电阻 R_L 与之匹配，可以使由温度引起的霍尔电动势的漂移减至最小。

（3）额定功耗 P_o 和控制电流 I_c

霍尔元件在环境温度 $t=25℃$ 时，允许通过霍尔元件的电流 I 和电压 U 的乘积，分为最小、典型和最大三挡，单位为 mW。当供给霍尔元件的电压确定后，根据额定功耗可知道额定控制电流 I_c。由于霍尔电动势随激励电流增大而增大，故在应用中总希望选用较大的控制电流。但控制电流增大，霍尔元件的功耗增大，元件的温度升高，从而引起霍尔电动势的温漂增大，因此每种型号的元件均规定了相应的最大激励电流，一般为几毫安到几十毫安。

（4）霍尔灵敏度系数 K_H

单位控制电流和单位磁感应强度作用下，霍尔元件端的开路电压，单位为 V/(A·T)，$K_H=U_H/(IB)$。

(5) 不平衡电势 U。

在额定电流 I 之下，不加磁场时霍尔元件输出端的空载电势称为不平衡电势，单位为 mV。

(6) 霍尔电动势温度系数

在一定磁场强度和控制电流的作用下，温度每变化 1℃时霍尔电动势变化的百分数称为霍尔电动势温度系数，它与霍尔元件的材料有关，一般约为 0.1%/℃。在要求较高的场合，应选择低温漂的霍尔元件。

3) 霍尔集成传感器

随着微电子技术的发展，将霍尔元件、恒流源、放大电路等电路集成到一起就构成了霍尔集成传感器，它具有体积小、灵敏度高、输出幅度大、温漂小、对电源稳定性要求低等优点。目前，根据使用场合的不同，霍尔集成传感器主要有开关型和线性型两大类。

(1) 开关型霍尔集成传感器

开关型霍尔集成传感器是将霍尔元件、稳压电路、放大器、施密特触发器、OC 门等电路集成在同一个芯片上而构成，如图 5.5 所示。

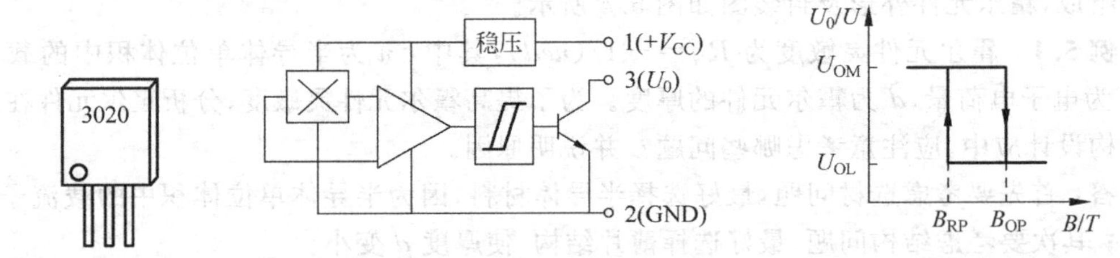

(a) UGN-3020外形图　(b) UGN-3020内部结构框图　(c) UGN-3020输出磁电特性曲线

图 5.5　开关型霍尔集成传感器

这种集成传感器一般对外为三只引脚，分别是电源、地及输出端。

典型的霍尔开关集成传感器有 UGN-3020、UGN-3050 等，图 5.5(a)为 UGN-5020 的外形图，其输出特性如图 5.5(c)所示。在外磁场的作用下，当磁感应强度超过导通阈值 B_{OP} 时，霍尔电路输出管导通，OC 门输出低电平。之后，B 再增加，仍保持导通态。若外加磁场的 B 值降低到 B_{RP} 时，输出管截止，OC 门输出高电平。称 B_{OP} 为工作点，B_{RP} 为释放点，$B_{OP}-B_{RP}=B_H$ 称为回差。回差的存在使开关电路的抗干扰能力增强。

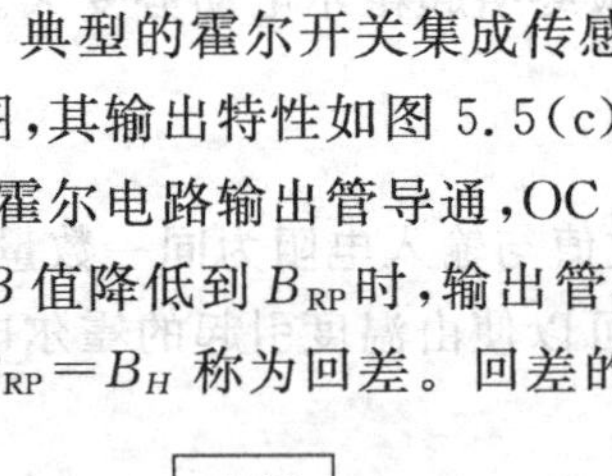

图 5.6　开关型霍尔集成传感器应用电路

霍尔集成开关传感器常用于接近开关、速度检测及位置检测，其典型应用电路如图 5.6 所示。

(2) 霍尔线性集成传感器

霍尔线性集成传感器的输出电压与外加磁场强度的大小呈线性比例关系。为了提高测量精度，这类传感器主要由霍尔元件、恒流源电路、差分放大电路等电路组成，如图 5.7 所示。

图 5.7(a)为其结构框图。霍尔线性集成传感器根据输出端的不同分为单端输出和双端输出两种，用的较多的为单端输出型，典型产品有 UGN-3501 等，图 5.7(b)为其传输特性。

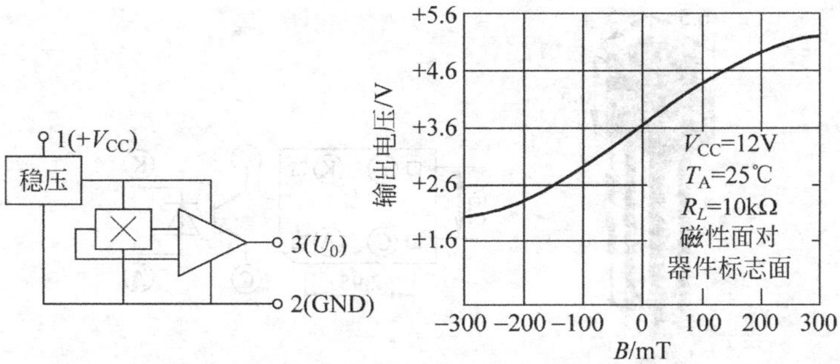

(a) 内部框图　　(b) 特性曲线

图 5.7　霍尔线性集成传感器

霍尔集成传感器常用于转速测量、机械设备限位开关、电流检测与控制、保安系统、位置及角度检测等场合。

四、项目总结

通过本项目的学习，应掌握如下知识重点：①霍尔传感器的工作原理；②霍尔传感器的基本特性；③霍尔传感器的基本测量电路；④常见的霍尔集成传感器及其特性。

通过本项目的学习，应掌握如下实践技能：①能根据应用场合选择合适的霍尔传感器；②针对所测速度范围选择合适的测量方法。

项目 2　光电传感器在转速测量中的应用

一、项目目标

通过本项目的学习，帮助读者掌握光电传感器的基本原理，熟悉光电传感器的基本特性，掌握光电传感器的应用电路。

利用光电对射传感器设计一转速计，采用数字显示，测速范围：＜1000 转/秒。

二、项目分析

在环境磁场较强的场合测速时，不适宜采用磁性传感器，而光电传感器则可以解决这一问题。利用光电传感器实现转速测量时，可以采用反射式光电传感器、对射式光电传感器，也可采用光电编码器来实现。

采用光电反射式传感器测量转速时，只需在转轴上贴一张反光纸或涂黑的纸即可，反射式光电传感器示意图如图 5.8 所示。

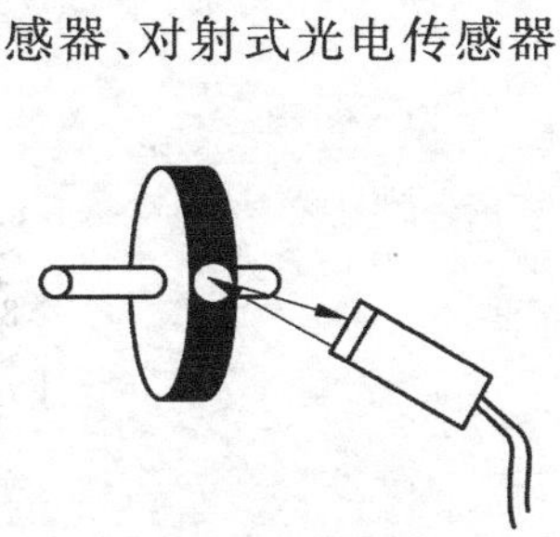
图 5.8　反射式光电传感器测量示意图

光电传感器实现起来简单、方便，每转一圈产生一个脉冲信号，一般用于便携式转速测量仪。实际应用中，通常采用红外光电传感器，这一类传感器目前也比较多，如 ST602 型，其外形结构及内部电路示意图如图 5.9 所示。

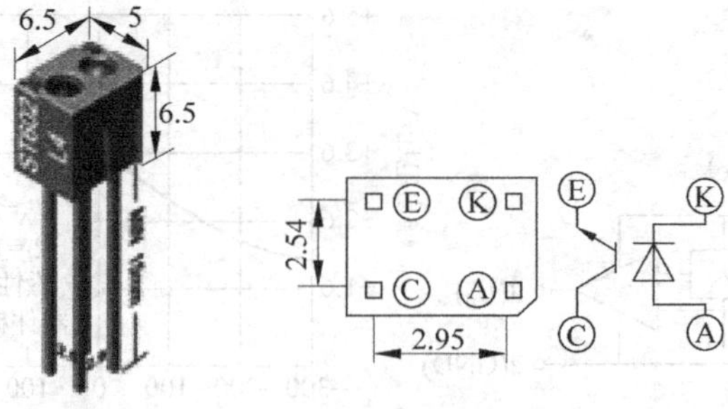

图 5.9　ST602 的外形结构及内部电路示意图

ST602 的测量距离为 4～10mm，ST602 的光电特性参数如表 5.3 所示。

表 5.3　ST602 的光电特性参数表　　　　（Ta=25℃）

项　目		符号	测 试 条 件		最小	典型	最大	单位
输入	正向压降	VF	IF=20mA		—	1.25	1.5	V
	反向电流	IR	VR=3V		—	—	10	μA
输出	集电极暗电流	Iceo	Vce=20V		—	—	1	μA
	集电极亮电流	IL	Vce=15V IF=8mA	L3	0.30	—	—	mA
				L4	0.40	—	—	mA
				L5	0.50	—	—	mA
	饱和压降	VCE	IF=8mA Ic=0.5mA		—	—	0.4	V
传输特性	响应时间	Tr	IF=20mA　Vce=10V IRc=100Ω		—	5	—	μs
		Tf			—	5	—	μs

采用对射式光电传感器测量转速时，转速测量示意图如图 5.10 所示。

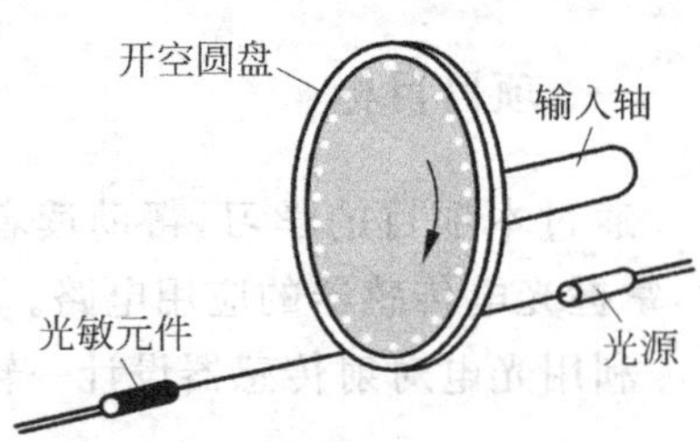

图 5.10　对射式光电传感器转速测量示意图

它是在转轴上安装一个圆盘，圆盘边缘开若干个孔(比如 60 个)，这样圆盘每转一圈即可产生 60 个脉冲信号。如 ST155 对射式光电传感器，ST155 的外形结构及内部电路示意图如图 5.11 所示。

ST155 的光电特性参数如表 5.4 所示。

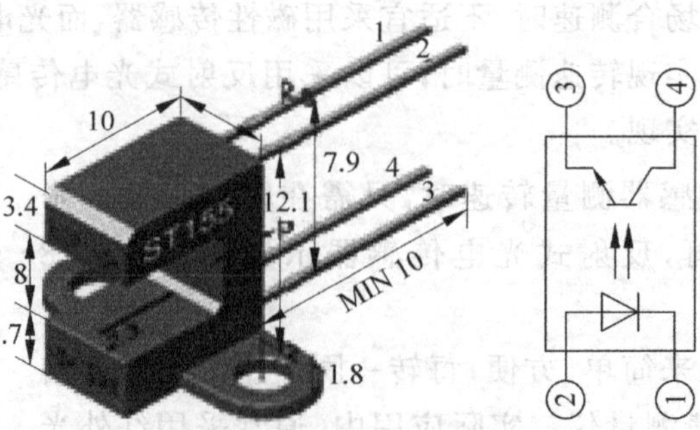

图 5.11　ST155 的外形结构及内部电路示意图

表 5.4　ST155 的光电特性参数表　　（Ta＝25℃）

项　　目		符号	测 试 条 件	最小	典型	最大	单位
输入	正向压降	VF	IF＝20mA	.	1.25	1.5	V
	反向电流	IR	VR＝3V	.	.	10	μA
输出	集电极遮电流	Iceo	Vce＝20V	.	.	1	μA
	集电极通电流	IL	Vce＝5V　IF＝8 mA	0.25	.	.	mA
	饱和压降	VCE	IF＝8mA Ic＝0.5 mA	.	.	0.4	V
传输特性	响应时间	Tr	IF＝20mA　Vce＝10V	.	5	.	μs
		Tf	IRc＝100Ω	.	5	.	μs

采用光电传感器实现转速测量时，要设计检测电路及信号处理电路，最终得到标准的脉冲信号(如 TTL 电平)，电路比较复杂，但价格便宜，很容易实现一个测速系统。

除了使用光电传感器之外，还可以采用光电接近开关来实现。光电接近开关是将输入电路、输出电路、信号处理电路已经做成一个整体，其输出就是标准的脉冲信号，使用起来比较方便，其输出可直接接转速测量仪表。

考虑到学习的需要，采用对射式光电传感器实现转速测量，检测电路如图 5.12 所示。

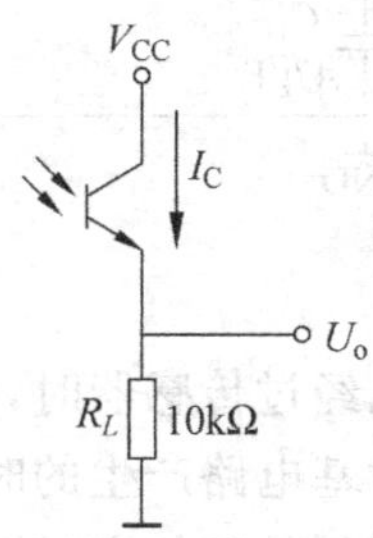

图 5.12　光电传感器检测电路图

根据参数，其输出电压最小值为 2.5V，实际上其输出电压要大于此值，也可对输出的信号进行放大、整形。实现放大整形的电路可以采用集成运放进行放大、利用触发器实现整形，当然也可采用专用集成芯片来实现，如 74HC14 或 CD40106 等。

由于系统要求以数字显示实际转速，即要对整形后的信号进行计数并显示，对于这部分电路可以采用数字电路来实现，也可以用单片机来实现，而后一种应用较多，但若读者还没有学习单片机，则只能使用前一种，即用数字电路来实现。

考虑到读者在学习本门课程时，还没有学习单片机课程，所以采用数字电路来实现该项目。即用计数器在单位时间内对脉冲信号进行计数，这里的单位时间通常为 1s；而国际单位制中转速的单位为：转/分，即计数周期为 1min，这样显得时间太长，也不太现实，为了项目实现的方便，采用红外光电直射传感器来实现，选有 60 个孔的转盘，即每转一圈就得到 60 个脉冲信号，信号频率为实际转速的 60 倍，这样就可以采用 1s 作为计数周期，其计数结果的单位即为转/分。

三、项目实施

1. 电路原理

光电转速仪由光电转盘、对射式光电传感器、闸门、时基信号产生电路及计数与显示装置等部分组成，其整机电路原理图如图 5.13 所示。

图中光电转盘安装在被测转轴上，与被测轴同时转动。当光被遮住时，由光电传感器组成的检测电路输出为低电平(此时流过电阻 R_5 的电流为暗电流，非常小)；当转盘上的小孔转到传感器时，光电传感器接收到光信号，输出为高电平，之后又为低电平；这样，转盘上每

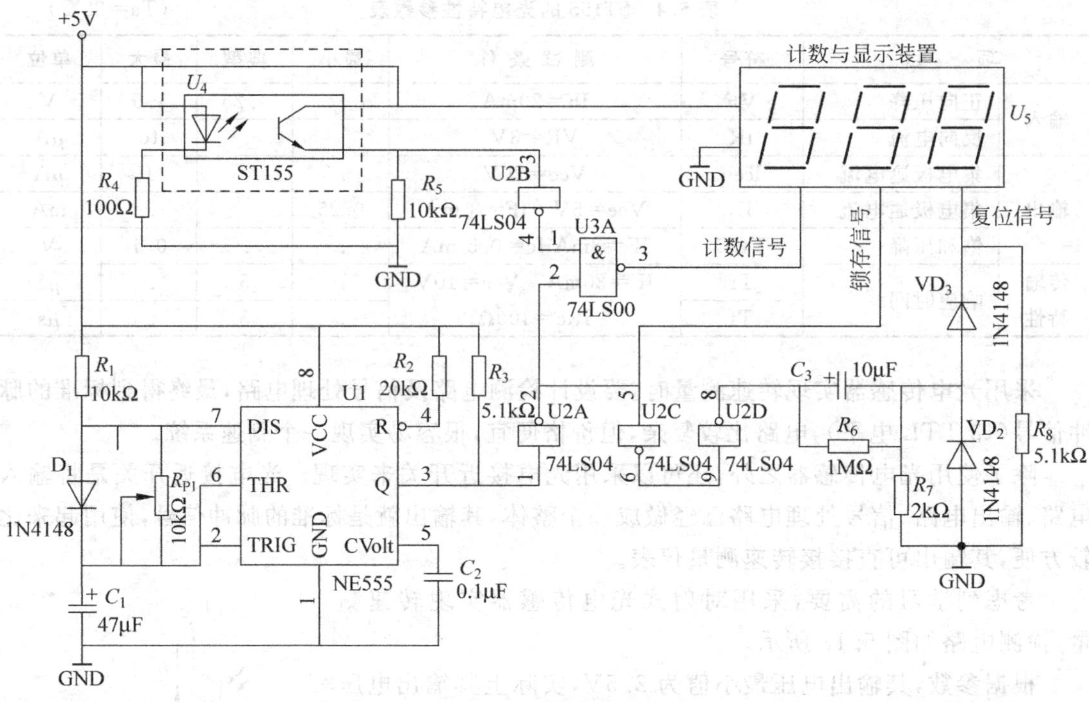

图 5.13　光电转速仪原理图

个小孔经过传感器时，传感器输出一个脉冲信号，每转一圈就可产生 60 个脉冲信号。此信号与时基电路产生的时基信号同时被送到闸门 U3A 输入端，如果此时时基信号为低电平，则闸门呈关闭状态，转速信号无法通过闸门加到计数器输入端。当时基电路产生的闸门信号为高电平时，打开闸门 U3A，此时转速信号加到计数器输入端；同时，闸门信号也加到由 R_6、R_7、R_8、C_3、VD_2 及 VD_3 组成的微分复位电路，在 R_8 上产生的复位脉冲使计数器清零；而且，该闸门信号也使 LE 端呈寄存状态，在时基信号为高电平期间(1s)，计数器对转速信号进行计数。当时基信号变为低电平时，使闸门 U3A 关闭；该信号使锁存信号端为低电平，将计数器的计数结果送到寄存器中，并经译码器译码后、由驱动电路驱动显示器显示计数结果(转速)。当第二个时基信号到来时，又重复上述过程。但在第二次计数期间，寄存器的数据将保持不变，只有当锁存信号再由高到低变化时，才将新的计数结果送入寄存器，以显示新的转速数据。

NE555 电路及外围元件组成一个多谐振荡器，闸门信号由 3 脚输出。R_{P1} 用于调节时基信号，使其闸门时间为 1s。

计数与显示装置由计数器、寄存器、译码器、驱动器及显示器 5 部分组成，使电路更简洁，实现起来更方便；可以采用专业模块，如 CL102，也可以采用数字电路来实现，此处不再阐述。

系统电源可采用电池供电，也可以采用 220V 市电经降压、整流、滤波后由三端稳压器 7805 得到 5V 电压，电路比较简单，故此处没有给出，读者感兴趣可以自己加上去。

2. 所需材料及设备

光电直射传感器 ST155、时基集成器 NE555、与非门 74LS00、非门反相器 74LS04、电阻、电容、二极管 IN4148、5V 稳压电源、3 位数码显示管。

3. 电路制作

根据电路原理图，列出元器件清单，并选购相应的元器件进行安装。其中，传感器可以外接。若将传感器安装在电路板上，可能会影响系统安装。

4. 电路调试

电路制作完成后，即可进行电路调试工作。

(1) 电源电路调试。如果自己制作电源，首先调试电源。首先检测电源对地电阻，确保无短路现象。接通电源，测量 7805 的输出电压，应为 5V 左右，否则，应检查相应电路。

(2) 时基电路调试。接通电源后，用示波器观察闸门信号，通过调节 R_{P1} 使闸门信号的脉宽为 1s。

(3) 传感器检测电路的调试。启动机器，用示波器观察传感器的输出信号，若没有信号或信号比实际的少，则可能是传感器安装位置过低，适当调整传感器的位置，直到输出信号正常为止。

(4) 启动机器，此时数码管显示的即为被测转轴的转速。若数码管显示数据不变，则可用示波器检测送到闸门两输入端及输出端的信号，从而可以判断故障的范围，以进行检修。

5. 知识链接

光电耦合器件是由发光元件(如发光二极管)和光电接收元件合并使用，以光作为媒介传递信号的光电器件。光电耦合器中的发光元件通常是半导体的发光二极管，光电接收元件有光敏电阻、光敏二极管、光敏三极管或光可控硅等。根据其结构和用途不同，又可分为用于实现电隔离的光电耦合器和用于检测有无物体的光电开关。

1) 光电耦合器

光电耦合器的发光和接收元件都封装在一个外壳内，一般有金属封装和塑料封装两种。光电耦合器组合形式原理图如图 5.14 所示。

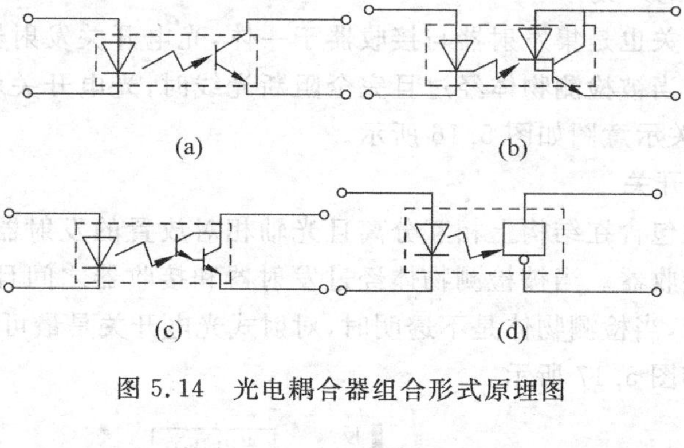

图 5.14　光电耦合器组合形式原理图

2) 光电开关

光电开关(光电传感器)是光电接近开关的简称，它是利用被检测物对光束的遮挡或反射，从而检测物体有无的。物体不限于金属，所有能反射光线的物体均可被检测。光电开关将输入电流在发射器上转换为光信号射出，接收器再根据接收到的光线的强弱或有无对目标物体进行探测。在实际应用中，光电开关一般采用波长比可见光长的红外光作为光源。光电开关一般由发射器、接收器及控制电路三部分组成。光电开关分为直射型与反射型两大类型。光电开关的结构示意图如图 5.15 所示。

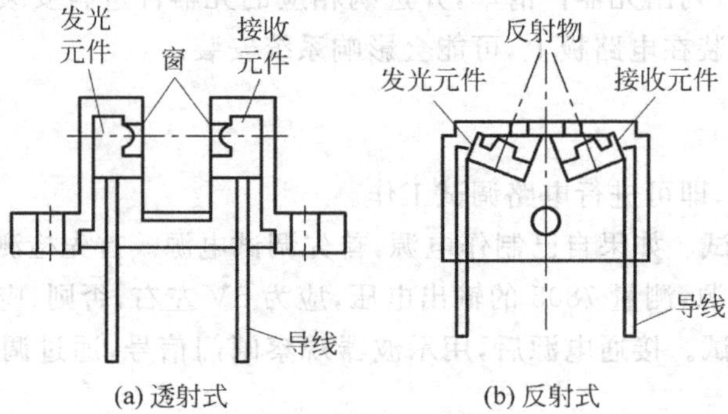

图 5.15　光电开关的结构示意图

图 5.15(a)是一种透射式的光电开关，它的发光元件和接收元件的光轴是重合的。当不透明的物体位于或经过它们之间时，会阻断光路，使接收元件接收不到来自发光元件的光，这样起到检测作用。

图 5.15(b)是一种反射式的光电开关，它的发光元件和接收元件的光轴在同一平面且以某一角度相交，交点一般即为待测物所在处。当有物体经过时，接收元件将接收到从物体表面反射的光，没有物体时则接收不到。光电开关的特点是小型、高速、非接触，而且与 TTL、MOS 等电路容易结合。

常用的光电开关有以下几种。

(1) 漫反射式光电开关

漫反射光电开关是一种集发射器和接收器于一体的传感器，当有被检测物体经过时，将光电开关发射器发射的足够量的光线反射到接收器，于是光电开关就产生了开关信号。当被检测物体的表面光亮或其反光率极高时，漫反射式的光电开关是首选的检测模式。

(2) 镜反射式光电开关

镜反射式光电开关也是集发射器与接收器于一体，光电开关发射器发出的光线经过反射镜，反射回接收器，当被检测物体经过且完全阻断光线时，光电开关就产生了检测开关信号，镜反射式光电开关示意图如图 5.16 所示。

(3) 对射式光电开关

对射式光电开关包含在结构上相互分离且光轴相对放置的发射器和接收器，发射器发出的光线直接进入接收器。当被检测物体经过发射器和接收器之间且阻断光线时，光电开关就产生了开关信号，当检测物体是不透明时，对射式光电开关是最可靠的检测模式。对射式光电开关示意图如图 5.17 所示。

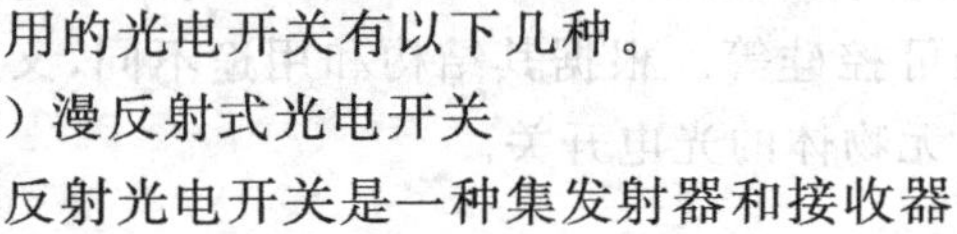

图 5.16　镜反射式光电开关示意图

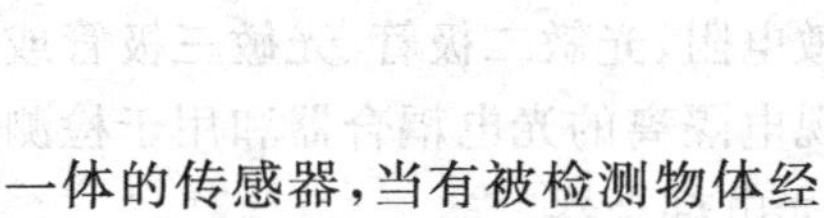

图 5.17　对射式光电开关示意图

(4) 槽式光电开关

槽式光电开关通常是标准的U形结构，其发射器和接收器分别位于U形槽的两边，并形成一光轴，当被检测物体经过U形槽且阻断光轴时，光电开关就产生了检测到的开关量信号，槽式光电开关比较安全可靠，适合检测高速变化的物体。槽式光电开关示意图如图5.18所示。

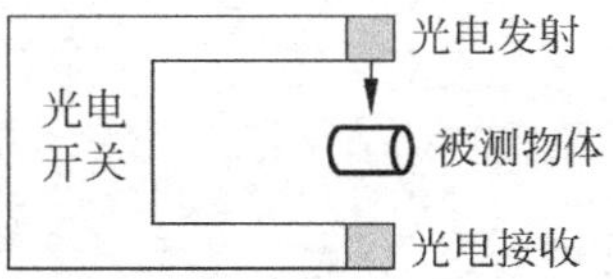

图5.18　槽式光电开关示意图

光电开关可用于生产流水线上对产品进行记数，统计每班产量或日产量，还可用于位置检测(如流水线上的装配体有没有到位)、质量检查(如瓶盖是否压上，标签是否漏贴等)，并且可以根据被测物的特定标记进行自动控制。目前，光电开关已广泛应用于自动包装机、自动灌装机、自动封装机、自动或半自动装配流水线等自动化机械装置。

例5.2　采用波长为0.8～0.9μm的红外光源时，宜采用哪种材料的光电器件作检测元件？为什么？

答：采用波长为0.8～0.9μm的红外光源时，宜采用硅光电池或硅光敏管，其光谱响应峰值在0.8μm附近，波长范围在0.4～1.2μm。

以光为媒介进行耦合来传递电信号，可实现电隔离，在电气上实现绝缘耦合，因而提高了系统的抗干扰能力。由于它具有单向信号传输功能，因此适用于数字逻辑中开关信号的传输和在逻辑电路中作为隔离器件及不同逻辑电路间的接口。

四、项目总结

通过本项目的学习，应掌握如下知识重点：①光电传感器测量速度的基本原理；②用于测速的光电传感器的特点；③常见的光电测速传感器的特性。

通过本项目的学习，应掌握如下实践技能：①能根据应用场合选择合适的光电传感器；②针对所测速度范围选择合适的测量方法；③会调试速度检测电路。

项目3　磁电传感器在转速测量中的应用

一、项目目标

通过本项目的学习，帮助读者了解磁电传感器的基本原理，熟悉磁电传感器的基本特性，掌握磁电传感器的应用电路。

利用磁电传感器设计一个转速测量仪，以数字显示转速，测速范围：≤9999转/分(rpm)。

二、项目分析

若被测转轴上安装了由钢、铁、镍等金属或者合金材料的齿轮，则可以采用磁电传感器测量转速，如汽车发动机的转速测量。若齿轮的齿数z为60，则频率数等于转速，可见，只要知道测量频率f，即可得到被测转速。磁电传感器具有体积小、结实可靠、寿命长、不需电源和润滑油等优点，可在烟雾、油气、水汽等恶劣环境中使用，磁电转速传感器已经成熟，这类传感器较多，如 SM-16、LZZS-60、OD9001 等。SM-16 的外形图如图 5.19 所示。

图 5.19 SM-16 外形图

常用磁电转速传感器技术参数如表 5.5 所示。

表 5.5 常用磁电转速传感器技术参数表

名　　称	参　　数
输出波形	近似正弦波(≥50r/min 时)
输出信号幅值	50r/min 时≥300mV，高速时可达 30V
测量范围	10～99 999 转/分(rpm)
使用时间	连续使用
工作环境	温度 50～＋150℃
输出形式	X12K4P 四芯插头
外形尺寸	外径一般为 16mm，长度一般 120mm
重量	约 100～200g(不计输出导线)
测速齿轮要求	60 齿，电工钢(高导磁材料)，渐开线齿形(输出波形好)

要实现转速测量，只要对传感器输出的脉冲信号进行计数即可，由表中参数可知，当转速达到 50 转/分钟时，其幅值≥300mV(有的磁电传感器输出幅值更高)，为了能够准确计数，应对传感器输出的脉冲信号进行放大、整形(若被测转速较高，则可以不进行放大)，得到标准的脉冲信号，然后进行计数。

考虑到目前绝大部分院校均以 Intel 公司的 51 系列单片机为学习机型，本项目也以 51 单片机为核心来完成。利用 51 单片机内部的定时器/计数器对传感器输出的信号进行计数，若采用 12MHz 晶振，其计数的最高频率可达 50 000Hz，即测量的转速可达 50 000 转/分(设测速齿轮有 60 个齿)，完全满足系统要求。

三、项目实施

1. 电路原理

以 SM-16 磁电传感器为测速传感器的磁电转速测量仪原理图如图 5.20 所示。

系统由传感器、信号处理电路、单片机最小系统、显示电路及电源电路组成。磁电传感器选用 SM-16。信号处理电路由低通滤波、限幅、放大、整形等电路组成，其中 R_1、R_2、C_1 构成低通滤波器，滤除高次谐波、杂波信号等；D_1、D_2 对输入的信号进行双向限幅，以保护

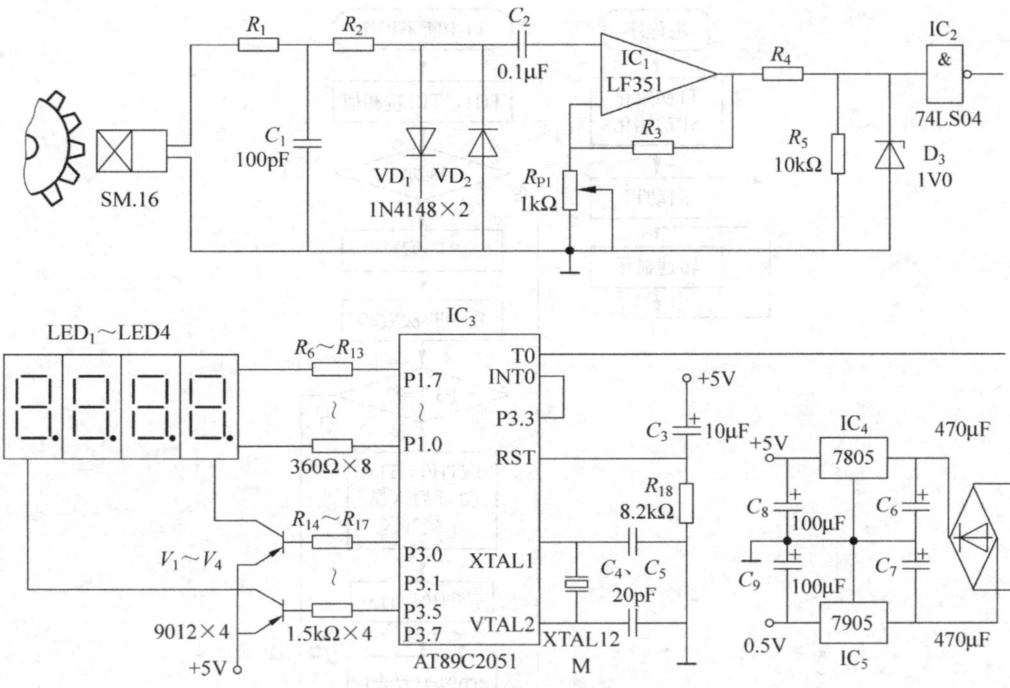

图 5.20　磁电转速测量仪原理图

LF351 的输入级电路；由 LF351 及相关元件组成的高输入阻抗放大器，将输入信号放大到足够的幅度；LF351 输出的信号经 R_4、R_5、D_3进行单向限幅，并经 74LS04 反向（起到整形作用），得到标准的 TTL 电平脉冲信号，送到以 AT89C2051 为核心的单片机电路。

单片机系统由 AT89C2051、晶振及复位电路组成，以完成系统信号计数、数据处理及控制工作。

LED$_1$～LED$_4$、V_1～V_4 及 R_6～R_{17}组成动态扫描显示电路，将测量结果在 LED$_1$～LED$_4$上显示出来。

电源电路由变压器、整流、滤波及经三端稳压集成电路 78L05 和 79L05 组成，输出＋5V 和 0.5V 电源，以提供系统电源。

2. 程序设计

磁电转速测量仪的程序由主程序和 T1 中断服务子程序组成（T0 工作于计数方式，其计数结果不可能溢出），主程序完成系统的初始化工作，T1 中断服务子程序产生 1s 时基信号、T0 初始化、T0 计数结果的读取及处理，以使显示形式为转/分。程序设计时，使 T1 工作于方式 1 定时，使 P3.3 脚输出周期为 2s 的方波，送到$\overline{\text{INT0}}$引脚，作为定时器 0 计数的门控信号。定时器/计数器 T0 工作于方式 1 计数，需要门控；在$\overline{\text{INT0}}$为低电平期间，使 TH0、TL0 清零，运行控制位 TR0 置位，使系统工作于准备计数状态，当$\overline{\text{INT0}}$变为高电平时，定时器/计数器 0（T0）开始对 T0 引脚的脉冲信号（转速信号）进行计数，当$\overline{\text{INT0}}$再次变为低电平时，停止计数；取出 TH0、TL0 中的数据进行处理后，送 LED 数码管显示出具体的转速，磁电转速测量仪程序流程图如图 5.21 所示。具体程序请自己完成。

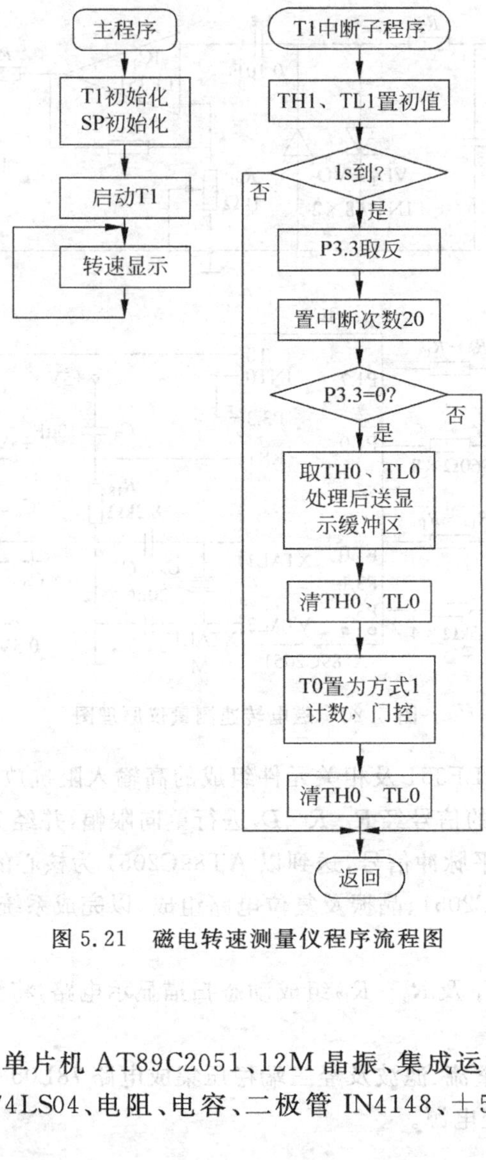

图 5.21　磁电转速测量仪程序流程图

3. 所需材料及设备

磁电传感器 SM-16、单片机 AT89C2051、12M 晶振、集成运放 LF351、PNP 型硅三极管 9012、六非门反相器 74LS04、电阻、电容、二极管 IN4148、±5V 稳压电源、4 位数码显示器。

4. 电路制作

根据电路原理图，列出元器件清单，并选购相应的元器件进行安装。

5. 电路调试

电路制作完成后，即可进行电路调试工作。

(1) 电源电路调试，其调试方法见前面项目。

(2) 传感器及检测电路的调试。启动机器，用示波器观察传感器的输出信号，若没有信号或信号比实际的小，则可调节传感器安装位置，使之与齿轮靠近一些，并固定。再检测 IC_1 的输入信号，观察其波形，若信号幅度低，可以调节 R_{P1}，以增加放大电路增益，提高输出信号幅度。

(3) 显示值较准。由于闸门时间是由定时器 T1 通过软件计数的方式来实现的，其总时间不一定正好是 1s，较准的方法是用示波器或计数器测量 IC_2 的输出信号的频率，计算出显示值(单位为转/分)，并和实际显示值进行比较，若显示值与理论值不符，则通过调整定时时间来调节系统显示精度。

经过以上调试，系统则可以进行实际的转速测量。

6. 知识链接

磁电感应式传感器又称磁电式传感器，是利用电磁感应原理将被测量(如振动、位移、转速等)转换成电信号的一种传感器。它不需要辅助电源就能把被测对象的机械量转换成易于测量的电信号，是有源传感器。由于它输出功率大且性能稳定，具有一定的工作带宽(10～1000Hz)，所以得到广泛应用。

1) 磁电感应式传感器的工作原理

根据电磁感应定律，当导体在稳恒均匀磁场中，如图 5.22 所示。

沿垂直磁场方向运动时，导体内产生的感应电势为：

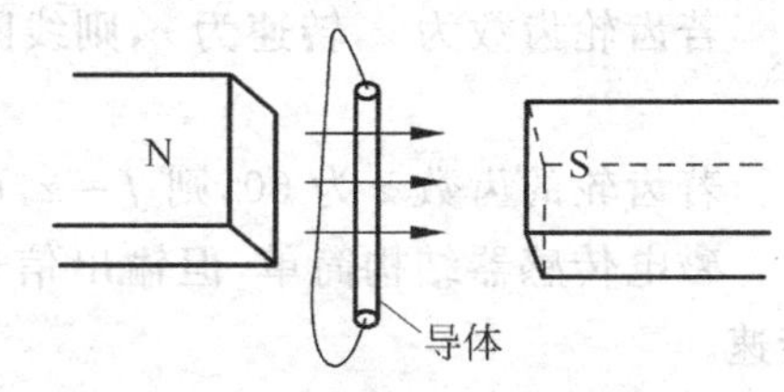

图 5.22　电磁感应定律原理图

$$e = \left|\frac{d\Phi}{dt}\right| = Bt\frac{dx}{dt} = Blv \quad (5.9)$$

式中，B——稳恒均匀磁场的磁感应强度；

l——导体有效长度；

v——导体相对磁场的运动速度。

当一个 N 匝线圈相对静止地处于随时间变化的磁场中时，设穿过线圈的磁通为 φ，则线圈内的感应电势 e 与磁通变化率 $d\varphi/dt$ 有如下关系：

$$e = -N\frac{d\Phi}{dt} \quad (5.10)$$

根据以上原理，人们设计出两种磁电式传感器结构：恒磁通式和变磁通式。变磁通式又称为磁阻式。

2) 恒磁通式磁电传感器

若以线圈相对磁场运动的速度 v 或角速度 ω 表示，则所产生的感应电动势 e：

$$e = -NBlv \quad (5.11)$$

$$e = -NBS\omega \quad (5.12)$$

式中，l——每匝线圈的平均长度；

B——线圈所在磁场的磁感应强度；

S——每匝线圈的平均截面积。

当结构参数确定后，B、l、N、S 均为定值，感应电动势 e 与线圈相对磁场的运动速度(v 或 ω)成正比，所以这类传感器的基本形式是速度传感器，能直接测量线速度或角速度。磁电感应式传感器只适用于动态测量。

3) 变磁通式磁电传感器

开磁路变磁通式传感器工作原理示意图如图 5.23 所示。

线圈、磁铁静止不动，测量齿轮安装在被测旋转体上，随之一起转动。当齿轮齿顶对准

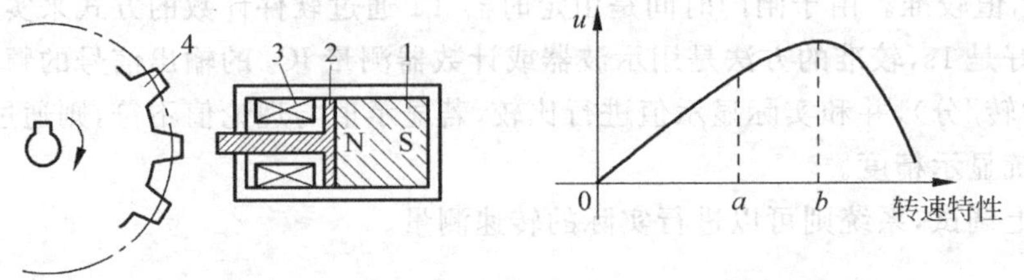

(a) 工作原理示意图　　(b) 频响特性

图 5.23　开磁路变磁通式传感器工作原理示意图

1—永久磁铁；2—软磁铁；3—感应线圈；4—旋转齿轮

线圈时，有较多的磁力线穿过线圈，线圈上的感应电动势比较大；而当齿谷对准线圈时，则穿过线圈的磁力线较少，线圈上的感应电动势比较小，这样齿轮每转动一个齿，齿的凹凸引起磁路磁阻变化一次，磁通也就变化一次，线圈中产生感应电势的大小也随其改变，其频率与被测转速成正比。

若齿轮齿数为 z，转速为 n，则线圈中感应电动势的频率 f 为：

$$f = nz/60(\text{rpm}) \tag{5.13}$$

若齿轮的齿数 z 为 60，则 $f=z$，可见，只要测量频率 f，即可得到被测转速。

磁电传感器结构简单，但输出信号较小，且因高速轴上加装齿轮较危险而不宜测量高转速。

闭磁路变磁通式传感器工作原理示意图如图 5.24 所示。

它由装在转轴上的内齿轮和外齿轮、永久磁铁和感应线圈组成，内外齿轮齿数相同。当转轴连接到被测转轴上时，外齿轮不动，内齿轮随被测轴而转动，内、外齿轮的相对转动使气隙磁阻产生周期性变化，从而引起磁路中磁通的变化，使线圈内产生周期性变化的感应电动势。显然，感应电势的频率与被测转速成正比。线圈 3 和磁铁 1 静止不动，测量齿轮(导磁材料制成)每转过一个齿，传感器磁路磁阻变化一次，线圈 3 产生的感应电动势的变化频率等于测量齿轮上齿轮的齿数和转速的乘积。

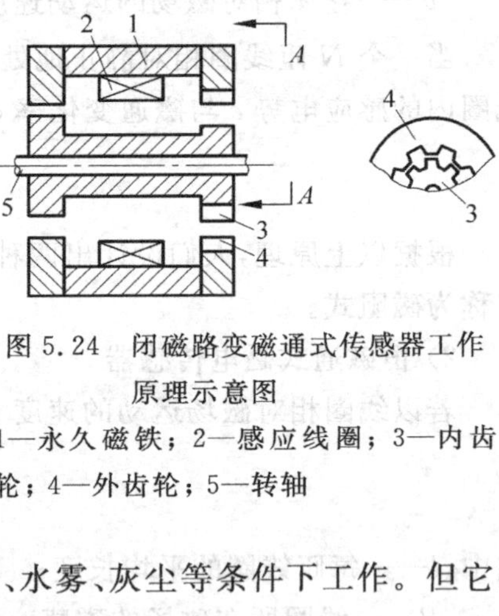

图 5.24　闭磁路变磁通式传感器工作原理示意图

1—永久磁铁；2—感应线圈；3—内齿轮；4—外齿轮；5—转轴

变磁通式传感器对环境条件要求不高，能在 150～+90℃的温度下工作，不影响测量精度，也能在油、水雾、灰尘等条件下工作。但它的工作频率下限较高，约为 50Hz，上限可达 100Hz。

四、项目总结

通过本项目的学习，应掌握如下知识重点：①磁电传感器的基本原理；②磁电传感器的基本参数；③常见的磁电传感器的特性。

通过本项目的学习，应掌握如下实践技能：①针对所测速度范围选择合适的测量方法；②会调试磁电转速测量电路。

阅读材料　速度传感器在汽车中的应用

随着对汽车的行驶状态的全面监控、舒适性要求的提高，汽车电子化已成为现实。而传感器则是实现汽车电子化的机电接口。现代汽车中几乎应用了所有类型的传感器。汽车用传感器种类与检测量主要有：温度传感器、压力传感器、转速传感器、速度传感器、流量传感器、位移方位传感器、气体浓变传感器等。应用在汽车上的速度传感器如下。

1. 发动机转速传感器

其功用是检测发动机转速，并把检测结果输入到汽车仪表系统显示发动机工况；或输入发动机控制系统和底盘某些控制系统的ECU，用于燃油喷射量、点火提前角、动力传动等控制。发动机转速的检测通常利用曲轴位置传感器的检测信号实现。

由于发动机转速的检测通常利用曲轴位置传感器的检测信号实现，若已知曲轴旋转360°曲轴位置传感器发出的脉冲数，即可检测发动机转速。下面简单介绍美国GM公司霍尔式曲轴位置传感器。

美国GM公司霍尔式曲轴位置传感器安装在曲轴前端，采用触发叶片式。曲轴皮带轮前端装内外两个带触发叶片的信号轮，与曲轴一起旋转。外信号轮均匀分布着18个触发叶片和18个窗口，叶片和窗口的宽度为10°弧长，外信号轮每旋转1周产生18个脉冲信号，称为18×信号。内信号轮设有3个触发叶片和3个窗口，脉冲周期均为120°曲轴转角的时间，脉冲上升沿分别产生于第1、4缸、第3、6缸和第2、5缸上止点前75°作为判别气缸基准信号。

2. 车速传感器

其功用是检测汽车行驶速度，并把检测结果输入给汽车仪表系统，用于显示车速。车速通常通过直接或间接检测汽车轮胎的转速获得。电磁感应式车速传感器如图1所示，车速传感器由永久磁铁和电磁感应线圈组成，它被固定安装在变速器输出轴附近的壳体上，输出轴上的驻车锁定齿轮为感应转子。

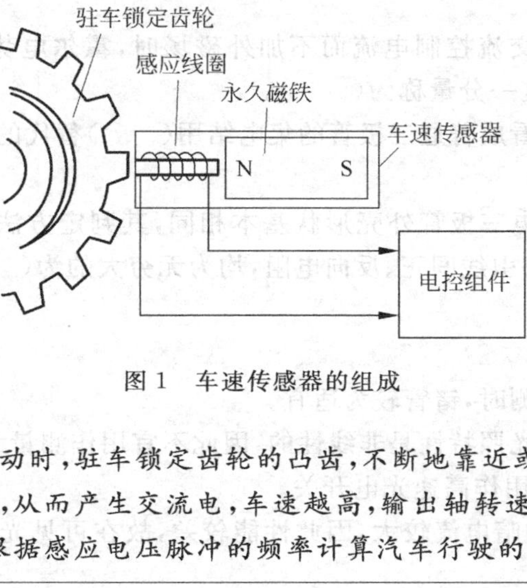

图1　车速传感器的组成

当变速器输出轴转动时，驻车锁定齿轮的凸齿，不断地靠近或离开车速传感器，使线圈内的磁通量发生变化，从而产生交流电，车速越高，输出轴转速也越高，感应电压脉冲频率也越高，电控组件根据感应电压脉冲的频率计算汽车行驶的速度。

电磁感应式车速传感器安装在自动变速器输出轴附近的壳体上，用于检测自动变速器输出轴的转速。电控单元 ECU 根据车速传感器的信号计算车速，作为换挡控制的依据。

3. 车轮转速传感器

其功用是检测车轮转速，并把检测结果输入 ABS/ASR 系统 ECU，用于汽车的制动或驱动控制。霍尔式轮速传感器特点是输出信号电压幅值不受转速的影响，频率响应高，抗电磁波干扰能力强。

汽车速度传感器一览表如表 1 所示。

表 1　速度传感器一览表

传感器	结构	安装位置	工作原理
发动机转速传感器	舌簧开关式	分电器内部	舌簧开关
	电磁感应式	柴油机喷油泵、汽油机分电器	电磁感应
车速传感器	舌簧开关式	车速表转子附近	舌簧开关
	电磁感应式	变速器输出轴附近的壳体上	电磁感应
	光电式	速度表内	光电效应
	可变磁阻式	变速器壳体内	改变磁阻
轮速传感器	电磁感应式	驱动轮上、从动轮上、后桥主减速器壳上或变速器输出轴上	电磁感应
	霍尔式		霍尔效应
	水银式		
	差动变压器式		

复习与训练

一、填空

1. 当霍尔元件通以交流控制电流而不加外磁场时，霍尔电势除了有交流不等位电压外，还有直流电势分量，这一分量称为(　　)。

2. 光敏三极管可以看成普通三极管的集电结用(　　)替代的结果。通常基极不引出，只有 E 和 C 两个电极。

3. 光电二极管与光电三极管外壳形状基本相同，其判定方法如下：遮住窗口，选用万用表 R×1K 挡，测两管脚引线间正、反向电阻，均为无穷大的为(　　)。

二、判断

1. 对红外光进行探测时，锗管较为适宜。　(　　)

2. 由于光敏电阻的光照特性是非线性的，因此不宜用作测量元件。但由于光敏电阻的响应时间很短，因此可以用作高速光电开关。　(　　)

3. 一般来讲，锗管的暗电流较大，因此性能较差，故在可见光或探测赤热状态物体时，一般都用硅管。　(　　)

4. 光敏电阻受温度的影响较大，当温度升高时，它的暗电阻和灵敏度都下降。 (　　)

5. 光电池和光敏二极管都是建立在内光电效应基础上，工作电路也一样。 (　　)

6. 光电池在有光线作用下实质就是电源，电路中有了这种器件就不需要外加电源。 (　　)

7. 在一定照度下，流过光敏电阻的电流与光敏电阻两端的电压的关系称为光敏电阻的伏安特性。 (　　)

8. 由于光敏电阻的光照特性呈非线性，因此不宜作为测量元件，一般在自动控制系统中常用作开关式光电信号传感元件。 (　　)

9. 光敏二极管在电路中一般是处于反向工作状态。 (　　)

10. 光敏电阻没有极性，纯粹是一个电阻器件，使用时既可加直流电压，也可以加交流电压。 (　　)

11. 当光敏电阻受到一定波长范围的光照时，它的阻值(亮电阻)急剧减少，电路中电流迅速增大。 (　　)

三、分析

1. 图 5.25 为光电报警电路，R_1 为光敏电阻，说明有光照射和无光照射时，各晶体管状态(导通或截止)，报警器的状态如何？

2. 图 5.26 为光敏二极管工作原理图。

求：(1) 无光照和有光照时是否有电流通过光敏二极管？电流数值大小如何变化？

(2) 在图中标出电流的方向。

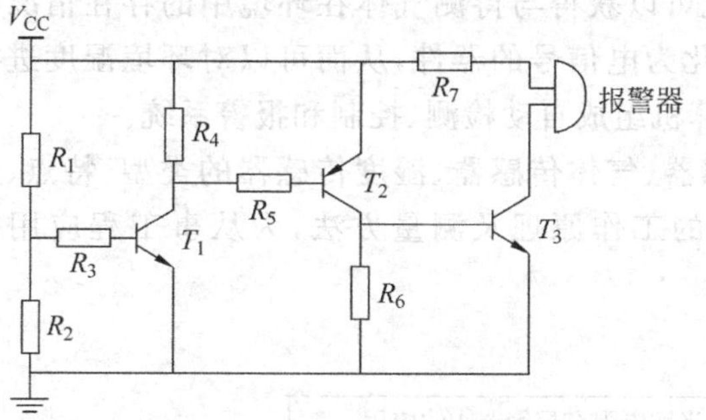

图 5.25　光电报警电路图

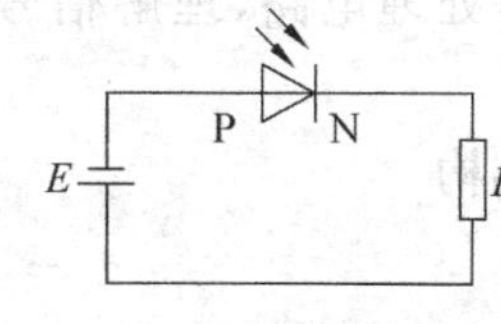

图 5.26　光敏二极管工作原理图

四、简答

1. 测量速度的方法有哪些？
2. 测量速度的传感器有哪些？各有什么特点？分别用于什么场合？
3. 什么是霍尔效应？霍尔传感器的输出霍尔电压与哪些因素有关？
4. 光电传感器用于测量转速有哪些方案？
5. 霍尔传感器的工作原理是什么？
6. 霍尔开关传感器分为哪些类型？

模块 6　其他传感器的应用

引入项目

光电传感器将光信号转换成电信号，利用光电之间某些材料的光电特性实现对光信号的检测。光电传感器广泛应用于各种光控电路，如对光线的调节、控制以及需要调节光线的一些家用电子产品，如数码相机等。气体传感器是一种将检测到的气体成分和浓度转换为电信号的传感器，根据这些电信号的强弱就可以获得与待测气体在环境中的存在情况有关的信息。湿度传感器是一种将空气湿度转化为电信号的器件，从而可以对环境湿度进行检测、监控、报警；还可以通过接口电路与计算机组成自动检测、控制和报警系统。

通过本模块的学习，可以掌握光电传感器、气体传感器、湿度传感器的类型、特点、应用场合及信号处理电路，理解信号处理电路的工作原理及测量方法，为从事工程应用打下基础。

模块结构

其他传感器的应用
- 光敏电阻在报警器中的应用
- 光敏二极管在路灯控制中的应用
- 气敏传感器在其他检测中的应用
- 电阻型湿度传感器的应用

预备知识

- 光电检测的基本原理
- 气体检测的基本原理
- 湿度检测的基本原理

项目1　光敏电阻在报警器中的应用

一、项目目标

利用光敏电阻设计一光电报警器电路，当光照较弱时发出声音报警信号。通过项目的完成，了解光敏电阻的基本原理，掌握光敏电阻的特性、参数及应用电路的设计，会调试光敏电阻传感器应用电路。

二、项目分析

很多场合需要根据当时的光照情况来实现不同控制，完成不同工作。本任务利用光敏电阻设计一个弱光报警电路，可以根据光照亮度来发出报警信号。

光敏电阻具有很高的灵敏度，很好的光谱特性，光谱响应可从紫外区到红外区范围内，而且体积小、重量轻、性能稳定、价格便宜，因此应用比较广泛；但因其具有一定的非线性，所以光敏电阻常用于光电开关实现光电控制。

三、项目实施

1. 电路原理

光敏电阻构成的光电报警器原理图如图 6.1 所示。

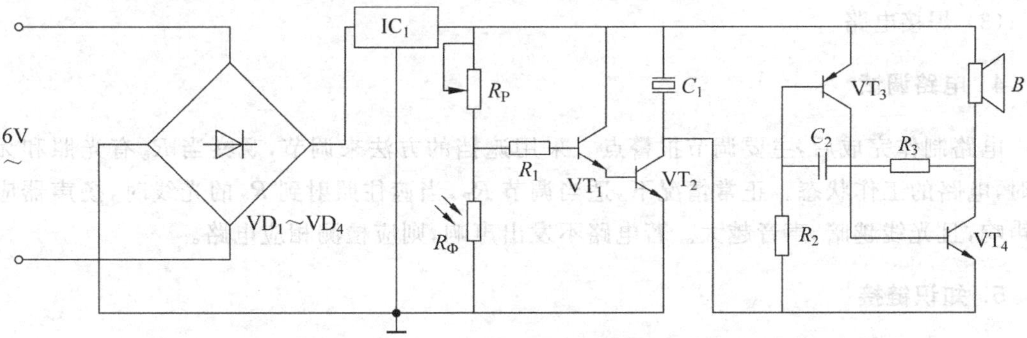

图 6.1　光电报警器原理图

图中 R_Φ 为普通光敏电阻，光照越弱，阻值越大，则 R_Φ 上分得的电压就越大。

VT_1、VT_2 所需要的导通电压要有 1.0V 以上。如果 R_Φ 电压达不到此限值，则 VT_1、VT_2 截止，扬声器 B 不工作，没有声音；当 R_Φ 电压超过此限值，则 VT_1、VT_2 导通，扬声器 B 工作，发出报警声。

2. 所需材料及设备

电路元件列表如表 6.1 所示。

表 6.1　电路元件列表

序　号	型号或参数	序　号	型号或参数
$VD_1 \sim VD_4$	1N4007	C1	100Mf/16V
IC_1	7806	C2	0.033μF
VT_1	9011	R1	2K
VT_2	9013	R2	47K
VT_3	9012	R3	1K
VT_4	9013	RP	100K
R_Φ	光敏电阻		

工作原理：当光照比较强时，R_Φ的阻值较小，7806 输出的 6V 电压主要在 R_P 上，R_Φ上的电压较小，VT_1、VT_2 截止，C_1 上的电压很小，由 VT_3、VT_4、R_1、R_2、C_2 及 B 构成的自激振荡器因无电压而不工作；当光照减弱时，R_Φ 阻值增大，R_Φ上的电压增加，当该电压超过 1.4V 时，VT_1、VT_2 导通，C_1 产生电压，为后级自激振荡器提供电源，自激振荡器工作，扬声器发出声音，且光照越弱，声响越大。

图中 R_P为“报警起控点”调节电阻，调节 R_P 可以调节当光线降到什么程度时，电路发出报警信号。

3. 电路制作

(1) 按原理图选择并检测元器件的好坏。

(2) 设计、制作电路板。

(3) 焊接电路。

4. 电路调试

电路制作完成后，主要调节报警点。采用遮挡的方法来调节，观察当 R_Φ有光照和无光照时，电路的工作状态。正常情况下，适当调节 R_P，当遮住照射到 R_Φ的光线时，扬声器应发出声响，且光线越暗，声音越大。若电路不发出声响，则应检测相应电路。

5. 知识链接

光电器件是构成光电式传感器最主要的部件。光电式传感器的工作原理框图如图 6.2 所示。

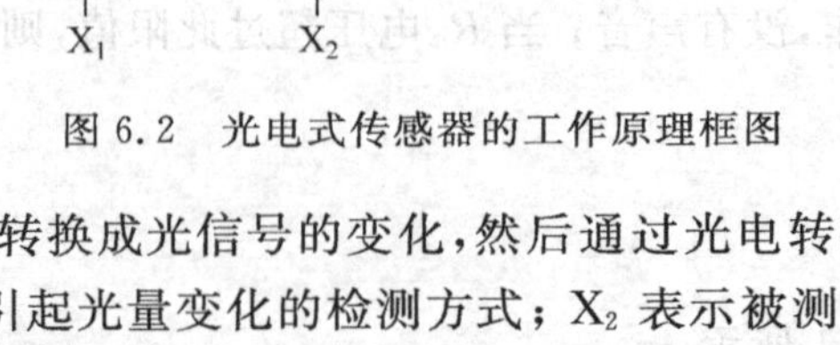

图 6.2　光电式传感器的工作原理框图

首先把被测量的变化转换成光信号的变化，然后通过光电转换元件变换成电信号。图中 X_1 表示被测量能直接引起光量变化的检测方式；X_2 表示被测量在光传播过程中调制光量的检测方式。

1）光电效应

光电器件工作的物理基础是光电效应。光电效应分为外光电效应和内光电效应两大类。

(1) 外光电效应

在光线作用下，能使电子逸出物体表面的现象称为外光电效应，如光电管、光电倍增管就属于这类光电器件。我们知道，光子是具有能量的粒子，每个光子具有的能力由式(6.1)确定：

$$E = hv \tag{6.1}$$

式中，h——普朗克常数，6.626×10^{-34}，J·s；

v——光的频率，s^{-1}。

若物体中电子吸收的入射光的能量足以克服逸出功 A_0 时，电子就逸出物体表面，产生电子发射。故要使一个电子逸出，则光子能量 hv 必须超出逸出功 A_0，超过部分的能量，表现为逸出电子的动能。即

$$hv = \frac{1}{2}mv_0^2 + A_0 \tag{6.2}$$

式中，m——电子质量；

v_0——电子逸出速度。

该方程称为爱因斯坦光电效应方程。

由该公式可知：光电子能否产生，取决于光子的能量是否大于该物体的表面电子逸出功 A_0；不同物体具有不同的逸出功，这意味着每一个物体都有一个对应的光频阀值，称为红限频率或波长限；是否产生光电效应不取决于光强的大小，取决于单色光的频率；当 $v>v_0$ 时，光强越强，发射的光电子数目越多，光电流越大；电子吸收能量不需时间积累，瞬间产生光电流；即使不加初始阳极电压，也会有光电流产生，为使光电流为零，必须加负的截止电压。

(2) 内光电效应

受光照的物体导电率发生变化，或产生光生电动势的效应叫内光电效应。内光电效应又可分为以下两大类。

① 光电导效应。

在光线作用下，电子吸收光子能量从键合状态过渡到自由状态，而引起材料电阻率变化，这种效应称为光电导效应。基于这种效应的器件有光敏电阻等。当光照射到光电导体上时，若这个光电导体为本征半导体材料，而且光辐射能量又足够强，光电导材料价带上的价电子将被激发到导带上去，成为自由电子，电子能级示意图如图 6.3 所示。

② 光生伏特效应。

在光线作用下能够使物体产生一定方向电动势的现象。基于该效应的器件有光电池和光敏晶体管等。

例 6.1　光电效应的分类及各自的含义。

答：光电效应分为外光电效应和内光电效应两大类：在光线作用下，能使电子逸出物体表面的现象称为外光电效应；受光照的物体导电率发生变化，或产生光生电动势的效应叫内光电效应。

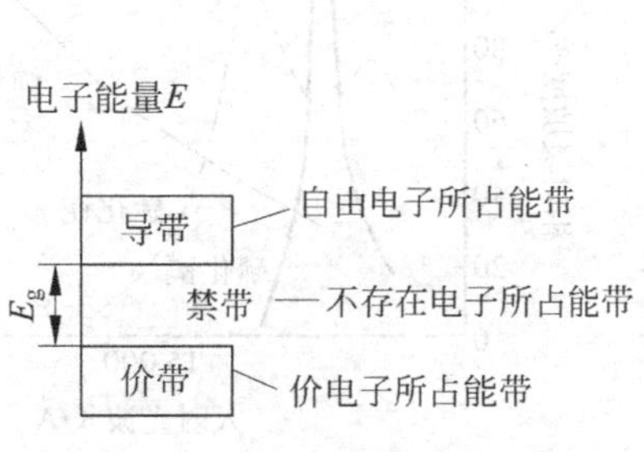

图 6.3　电子能级示意图

2）光敏电阻的结构与工作原理

光敏电阻又称光导管，是内光电效应器件，它几乎都是用半导体材料制成的光电器件。光敏电阻器以硫化镉制成，所以简称为CDS。

光敏电阻没有极性，纯粹是一个电阻器件，使用时既可加直流电压，也可以加交流电压。无光照时，光敏电阻值(暗电阻)很大，电路中电流(暗电流)很小。

当光敏电阻受到一定波长范围的光照时，它的阻值(亮电阻)急剧减少，电路中电流迅速增大。一般希望暗电阻越大越好，亮电阻越小越好，此时光敏电阻的灵敏度高。实际光敏电阻的暗电阻值一般在兆欧级，亮电阻在几千欧以下。光敏电阻结构图如图6.4所示。

3）光敏电阻的基本特性

(1) 伏安特性

在一定照度下，流过光敏电阻的电流与光敏电阻两端的电压的关系称为光敏电阻的伏安特性。以硫化镉为例的光敏电阻的伏安特性曲线图如图6.5所示。

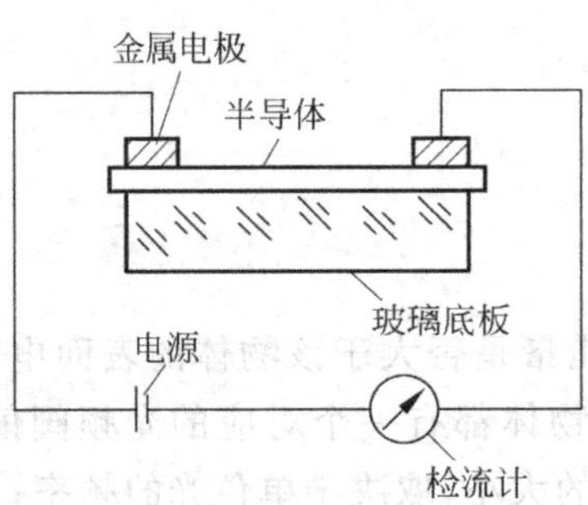

图6.4　光敏电阻结构图

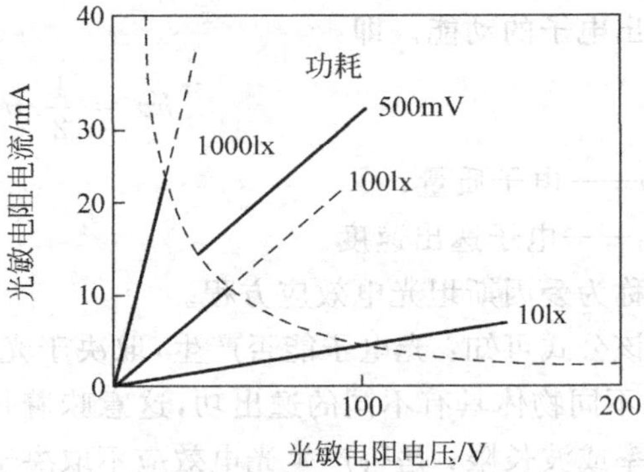

图6.5　光敏电阻的伏安特性曲线图

由图可见，光敏电阻在一定的电压范围内，其I.U曲线为直线，说明其阻值与入射光量有关，而与电压、电流无关。

(2) 光谱特性

光敏电阻的相对光敏灵敏度与入射波长的关系称为光谱特性，也称为光谱响应。对应于不同波长，光敏电阻的灵敏度是不同的。光敏电阻的光谱特性曲线图如图6.6所示。

(3) 光照特性

光敏电阻的光照特性是光敏电阻的光电流与光强之间的关系，光敏电阻的光照特性曲线图如图6.7所示。

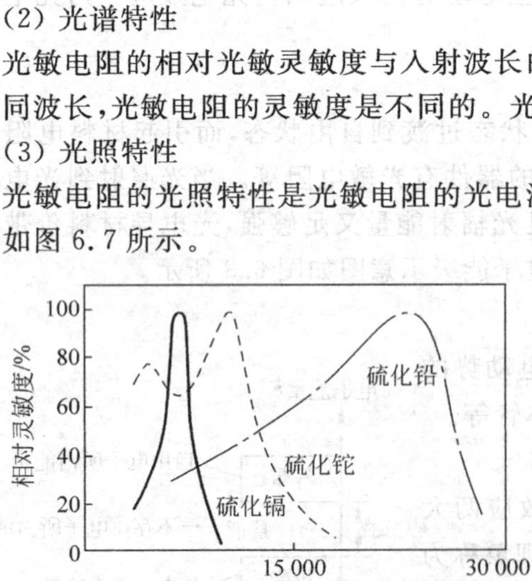

图6.6　光敏电阻的光谱特性曲线图

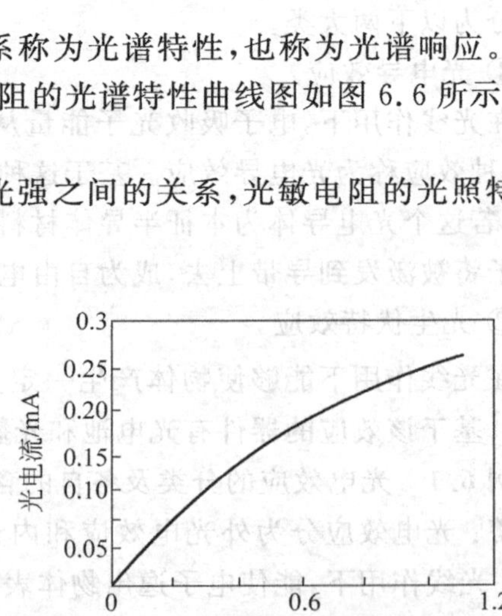

图6.7　光敏电阻的光照特性曲线图

由于光敏电阻的光照特性呈非线性，因此不宜作为测量元件，一般在自动控制系统中常用作开关式光电信号传感元件。

(4) 温度特性

光敏电阻受温度的影响较大。当温度升高时，它的暗电阻和灵敏度都下降。温度变化影响光敏电阻的光谱响应，尤其是响应于红外区的硫化铅光敏电阻受温度影响更大。以硫化铅为例的光敏电阻的温度特性曲线图如图 6.8 所示。

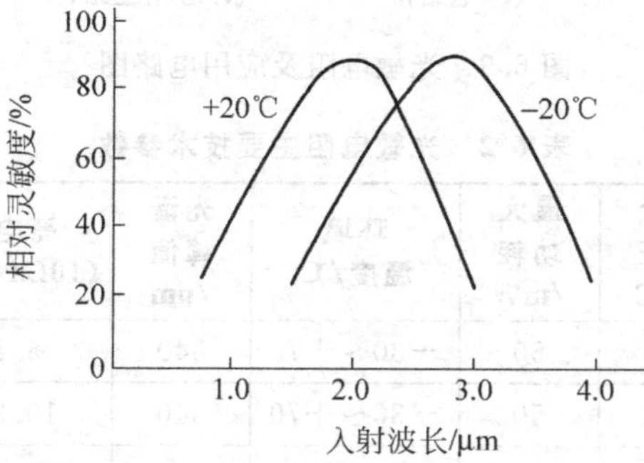

图 6.8 光敏电阻的温度特性曲线图

(5) 光敏电阻的响应时间和频率特性

实验证明，光电流的变化对于光的变化，在时间上有一个滞后，通常用时间常数 t 来描述，这叫作光电导的弛豫现象。所谓时间常数即为光敏电阻自停止光照起到电流下降到原来的 63%所需的时间，因此，t 越小，响应越迅速，但大多数光敏电阻的时间常数都较大，这是它的缺点之一。

例 6.2 光敏电阻的主要特性及含义。

答：

(1) 伏安特性：在一定照度下，流过光敏电阻的电流与光敏电阻两端的电压的关系称为光敏电阻的伏安特性。

(2) 光谱特性：光敏电阻的相对光敏灵敏度与入射波长的关系称为光谱特性，也称为光谱响应。

(3) 光照特性：光敏电阻的光照特性是光敏电阻的光电流与光强之间的关系。

(4) 温度特性：光敏电阻受温度的影响较大。当温度升高时，它的暗电阻和灵敏度都下降。

4) 外形及符号

光敏电阻是基于内光电效应的光敏传感器，当光照射时，其电阻值降低；光照越强，阻值越小。其暗电阻一般为 1MΩ 以上，其亮电阻(当光照为 10lux 时)一般为几 kΩ 到几百 kΩ。光敏电阻一般是将半导体材料粉末烧结在陶瓷衬底上，形成一层膜，用两根引线引出。也可用防潮材料或玻璃外壳将其密封，以防止其受潮。光敏电阻可分为紫外光、红外光和可见光光敏电阻。光敏电阻及应用电路图如图 6.9 所示。

光敏电阻制造技术成熟，生产厂家众多，光敏电阻主要技术参数如表 6.2 所示。

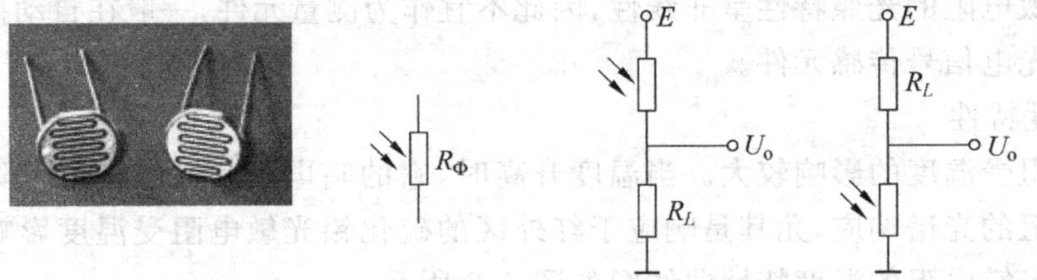

(a) 外形图　　(b) 电路符号　　(c) 应用电路1　　(d) 应用电路2

图 6.9　光敏电阻及应用电路图

表 6.2　光敏电阻主要技术参数

规格	型号	最大电压VDC	最大功耗/mW	环境温度/℃	光谱峰值/nm	亮电阻(10Lux)/kΩ	暗电阻/MΩ	响应时间	
								上升	下降
Φ3 系列	GL3516	100	50	－30～＋70	540	5.10	0.6	30	30
	GL3526	100	50	－30～＋70	540	10.20	1	30	30
	GL3537.1	100	50	－30～＋70	540	20.30	2	30	30
	GL3537.2	100	50	－30～＋70	540	30.50	3	30	30
	GL3547.1	100	50	－30～＋70	540	50.100	5	30	30
	GL3547.2	100	50	－30～＋70	540	100.200	10	30	30
Φ4 系列	GL4516	150	50	－30～＋70	540	5.10	0.6	30	30
	GL4526	150	50	－30～＋70	540	10.20	1	30	30
	GL4537.1	150	50	－30～＋70	540	20.30	2	30	30
	GL4527.2	150	50	－30～＋70	540	30.50	3	30	30
	GL4548.1	150	50	－30～＋70	540	50.100	5	30	30
	GL4548.2	150	50	－30～＋70	540	100.200	10	30	30
Φ5 系列	GL5516	150	90	－30～＋70	540	5.10	0.5	30	30
	GL5528	150	100	－30～＋70	540	10.20	1	20	30
	GL5537.1	150	100	－30～＋70	540	20.30	2	20	30
	GL5537.2	150	100	－30～＋70	540	30.50	3	20	30
	GL5539	150	100	－30～＋70	540	50.100	5	20	30
	GL5549	150	100	－30～＋70	540	100.200	10	20	30
	GL5606	150	100	－30～＋70	560	4.7	0.5	30	30
	GL5616	150	100	－30～＋70	560	5.10	0.8	30	30
	GL5626	150	100	－30～＋70	560	10.20	2	20	30
	GL5637.1	150	100	－30～＋70	560	20.30	3	20	30
	GL5637.2	150	100	－30～＋70	560	30.50	4	20	30
	GL5639	150	100	－30～＋70	560	50.100	8	20	30
	GL5649	150	100	－30～＋70	560	100.200	15	20	30

续表

规格	型号	最大电压 VDC	最大功耗 /mW	环境温度/℃	光谱峰值 /nm	亮电阻 (10Lux)/kΩ	暗电阻 /MΩ	响应时间	
								上升	下降
Φ7 系列	GL7516	150	100	−30～+70	540	5.10	0.5	30	30
	GL7528	150	100	−30～+70	540	10.20	1	30	30
	GL7537.1	150	150	−30～+70	560	20.30	2	30	30
	GL7537.2	150	150	−30～+70	560	30.50	4	30	30
	GL7539	150	150	−30～+70	560	50.100	8	30	30
Φ10 系列	GL10516	200	150	−30～+70	560	5.10	1	30	30
	GL10528	200	150	−30～+70	560	10.20	2	30	30
	GL10537.1	200	150	−30～+70	560	20.30	3	30	30
	GL10537.2	200	150	−30～+70	560	30.50	5	30	30
	GL10539	250	200	−30～+70	560	50.100	8	30	30
Φ12 系列	GL12516	250	200	−30～+70	560	5.10	1	30	30
	GL12528	250	200	−30～+70	560	10.20	2	30	30
	GL12537.1	250	200	−30～+70	560	20.30	3	30	30
	GL12537.2	250	200	−30～+70	560	30.50	5	30	30
	GL12539	250	200	−30～+70	560	50.100	8	30	30
Φ20 系列	GL20516	500	500	−30～+70	560	5.10	1	30	30
	GL20528	500	500	−30～+70	560	10.20	2	30	30
	GL20537.1	500	500	−30～+70	560	20.30	3	30	30
	GL20537.2	500	500	−30～+70	560	30.50	5	30	30
	GL20539	500	500	−30～+70	560	50.100	8	30	30

四、项目总结

通过本项目的学习，应掌握如下知识重点：①光电效应及其分类；②光电器件的工作原理和应用。

通过本项目的学习，应掌握如下实践技能：①了解各种光电器件的功能、特性指标；②会正确选用各种光电器件；③能设计、制作简单的光电传感器应用电路。

项目2　光敏二极管在路灯控制器中的应用

一、项目目标

利用光敏二极管设计一简易路灯控制器，白天灯熄，晚上灯亮。通过光控电路的设计与制作，了解光敏二极管的特性、构成、工作原理，掌握其应用电路。

二、项目分析

很多场合需要根据当时的光照情况来实现不同控制，完成不同工作。在光控电路中，除了使用光敏电阻外，也可以利用光敏二极管、光敏三极管来实现。

本项目利用光敏二极管设计一个简单的控制电路，实现路灯的自动控制，从而对光敏二极管、光敏三极管的控制电路有一个基本的了解。

光敏二极管与光敏三极管在应用上，除了光电流不同之外，其应用电路的形式基本相同，不管是光敏二极管，还是光敏三极管，都是将光转换成电流，所以其检测电路就是将该光电流转换成电压，由该电压来控制相应的控制电路，来实现某些自动控制。国产光敏二极管的主要技术参数如表 6.3 所示。

表 6.3　国产光敏二极管的主要技术参数表

<table>
<tr><th>参数
型号</th><th>最高反向电压/V</th><th>暗电流/μA</th><th>光电流/μA</th><th>光灵敏度 μA/μW</th><th>结电容/pF</th></tr>
<tr><td>2CU1A</td><td>10</td><td rowspan="4">≤0.2</td><td rowspan="4">≥80</td><td rowspan="4">≥0.4</td><td rowspan="4">≤5.0</td></tr>
<tr><td>2CU1B</td><td>20</td></tr>
<tr><td>2CU1C</td><td>30</td></tr>
<tr><td>2CU1D</td><td>40</td></tr>
<tr><td>2CU2A</td><td>10</td><td rowspan="4">≤0.1</td><td rowspan="4">≥30</td><td rowspan="4">≥0.4</td><td rowspan="4">≤3.0</td></tr>
<tr><td>2CU2B</td><td>20</td></tr>
<tr><td>2CU2C</td><td>30</td></tr>
<tr><td>2CU2D</td><td>40</td></tr>
<tr><td>2CU5A</td><td>10</td><td rowspan="3"></td><td rowspan="3">≥10</td><td rowspan="3"></td><td rowspan="3">≤3.0</td></tr>
<tr><td>2CU5B</td><td>30</td></tr>
<tr><td>2CU5C</td><td>50</td></tr>
<tr><td>2CU79</td><td rowspan="3">30</td><td>≤1×10⁻²</td><td rowspan="3">≥2.0</td><td rowspan="3">≥0.4</td><td rowspan="3">≤30</td></tr>
<tr><td>2CU79A</td><td>≤1×10⁻³</td></tr>
<tr><td>2CU79B</td><td>≤1×10⁻⁴</td></tr>
<tr><td>2CU80</td><td rowspan="3">30</td><td>≤5×10⁻²</td><td rowspan="3">≥3.5</td><td rowspan="3">0.45</td><td rowspan="3">≤30</td></tr>
<tr><td>2CU80A</td><td>≤5×10⁻³</td></tr>
<tr><td>2CU80B</td><td>≤5×10⁻⁴</td></tr>
</table>

注：测试条件 2856K 钨丝，照度为 1000lx。

国产光敏三极管的主要技术参数如表 6.4 所示。

由表 6.3 和表 6.4 也可以看出，相同光照下，光敏三极管的光电流比光敏二极管的光电流要大得多，而价格又相差不多，所以，在实际应用中，应尽可能地选用光敏三极管。

表 6.4　国产光敏三极管的主要技术参数表

参数 / 型号	反向击穿电压 V_{CE}/V	最高工作电压 V_{RM}/V	暗电流 I_D/μA	光电流 I_L/mA	峰值波长 λ_P/Å	最大功耗 P_M/mW	开关时间/μs t_r	t_d	t_t	t_s	环境温度 /℃
3DU11	≥15	≥10				30					
3DU12	≥45	≥30		0.5.1		50					
3DU13	≥75	≥50				100					
3DU21	≥15	≥10				30					
3DU22	≥45	≥30	≤0.3	1.2		50					−40～125
3DU23	≥75	≥50				100					
3DU31	≥15	≥10				30					
3DU32	≥45	≥30		>2.0		50					
3DU33	≥75	≥50			8800	100	≤3	≤2	≤3	≤1	
3DU51A	≥15	≥10		≥0.3							
3DU51	≥15	≥10									
3DU52	≥45	≥30	≤0.2	≥0.5		30					−55～125
3DU53	≥75	≥50									
3DU54	≥45	≥30		≥1.0							
3DU011	≥15	≥10				30					
3DU012	≥45	≥30	≤0.3	0.05.0.1		50					−40～125
3DU013	≥75	≥50				100					

注：(1) 暗电流 I_D：在无光照的情况下，集电极与发射极间的电压为规定值时，流过集电极的反向漏电流称为光敏三极管的暗电流。

(2) 光电流 I_L：在规定光照下，当施加规定的工作电压时，流过光敏三极管的电流称为光电流，光电流越大，说明光敏三极管的灵敏度越高。

(3) 集电极-发射极击穿电压 V_{CE}：在无光照下，集电极电流 I_c 为规定值时，集电极与发射极之间的电压降称为集电极-发射极击穿电压。

(4) 最高工作电压 V_{RM}：在无光照下，集电极电流 I_c 为规定的允许值时，集电极与发射极之间的电压降称为最高工作电压。

(5) 最大功率 P_M：光敏三极管在规定条件下能承受的最大功率。

三、项目实施

1. 电路原理

路灯控制电路原理图如图 6.10 所示。

图中，VD_1 为光敏二极管，也可用光敏三极管，作为感光元件，将光信号转换成电信号。IC_1 为 40106，起到整形的作用，同时也可提高抗干扰的能力；VT_1 为驱动三极管，实现对继电器的控制。光线较暗时，VD_1 产生的光电流很小，经 R_1 和 VR_1 电阻后，产生的电压比较小(小于 3V)，此时，IC_1 输出高电平(4.9V)，VT_1 导通，继电器 K 得电，常开触点闭合，被控电器得电工作；当光线逐渐增强时，VD_1 中光电流逐渐增大，当 IC_1 输入电压超过 3V 时，其输出电压变为低电平(0.1V)，VT_1 截止，继电器 K 失电，常开触点断开，被控电器失电停止

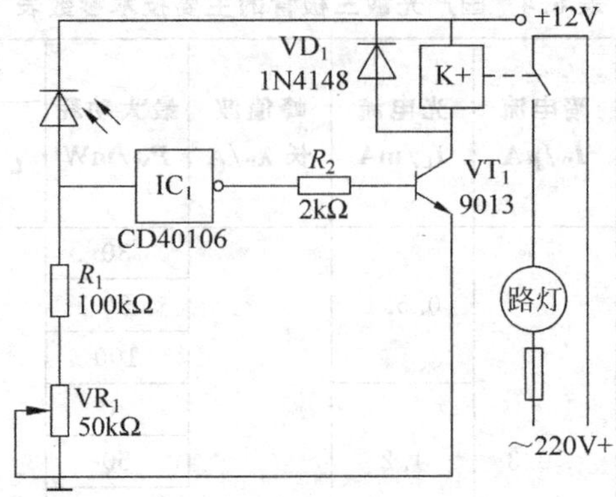

图 6.10 路灯控制电路原理图

工作。

图中 VR_1 为灵敏度调节电阻，调节 VR_1 可以调节起控亮度。

2. 电路制作

(1) 根据电路选择合适的元器件。

(2) 制作电路板并焊接电路，也可用万能板搭建。

3. 电路调试

电路制作完成后，调节给 VD_1 的光线，看被控电器是否按设计要求工作；并可适当调节 VR_1，改变电路的起控点，以便达到控制的要求。

思考题：为什么调节 VR_1 可以调节起控点呢？

光敏二极管为控制器的感光部分，因此安装时要能顺利感受到光照的变化，并要防止干扰而产生误动作，如树叶或其他物体的遮挡而导致传感器感受不到光的变化。

4. 知识链接

1) 结构原理

光敏二极管的结构与一般二极管相似，其结构原理图如图 6.11 所示。

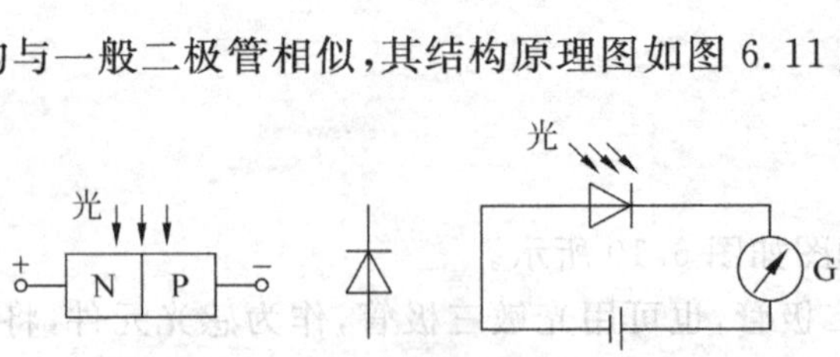

图 6.11 光敏二极管的结构原理图

它装在透明玻璃外壳中，其 PN 结装在管的顶部，可以直接受到光照射。光敏二极管在电路中一般是处于反向工作状态，在没有光照射时，反向电阻很大，反向电流很小，这反向电流称为暗电流。

NPN 型光敏晶体管的结构简图和基本电路如图 6.12 所示。为大多数光敏晶体管的基极无引出线，当集电极加上相对于发射极为正的电压而不接基极时，集电结就是反向偏压；当光照射在集电结上时，就会在结附近产生电子.空穴对，从而形成光电流，相当于三极管的基极电流。由于基极电流的增加，因此集电极电流是光生电流的β倍，所以光敏晶体管有放大作用。

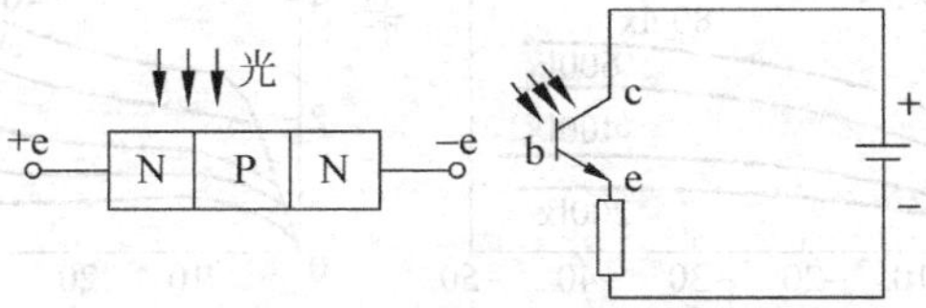

图 6.12　NPN 型光敏晶体管结构简图和基本电路

光敏三极管可以看成普通三极管的集电结用光敏二极管替代的结果。通常基极不引出，只有 E 和 C 两个电极。

光电二极管与光电三极管外壳形状基本相同，其判定方法如下：遮住窗口，选用万用表 R×1K 挡，测两管脚引线间正、反向电阻，均为无穷大的为光敏三极管。

2) 基本特性

(1) 光谱特性

晶体管的光谱特性曲线如图 6.13 所示。从曲线可以看出，硅的峰值波长约为 0.9μm，锗的峰值波长约为 1.5μm，此特性时灵敏度最大，而当入射光的波长增加或缩短时，相对灵敏度也下降。一般来讲，锗管的暗电流较大，因此性能较差，故在可见光或探测赤热状态物体时，一般都用硅管。但对红外光进行探测时，锗管较为适宜。

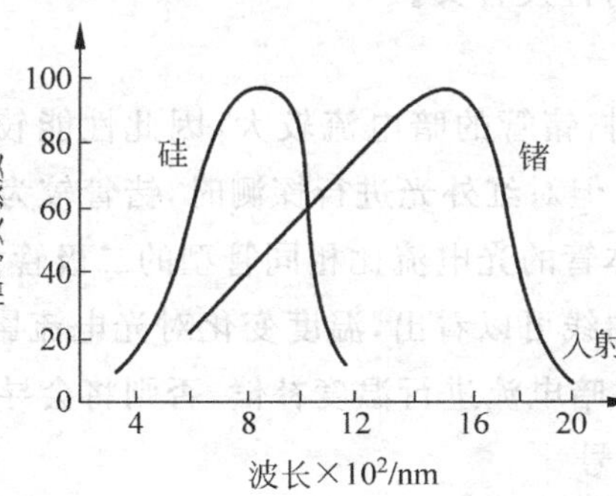

图 6.13　光敏晶体管的光谱曲线图

(2) 伏安特性

硅光敏管伏安特性曲线图如图 6.14 所示。从图中可见，光敏晶体管的光电流比相同管型的二极管大上百倍。

(3) 温度特性

光敏晶体管的温度特性是指其暗电流及光电流与温度的关系。光敏晶体管的温度特性曲线如图 6.15 所示。

从特性曲线可以看出，温度变化对光电流影响很小，而对暗电流影响很大，所以在电子线路中应该对暗电流进行温度补偿，否则将会导致输出误差。

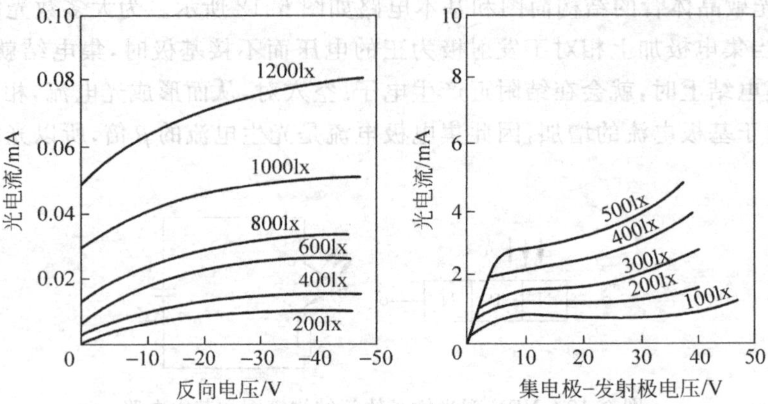

(a) 硅光敏二极管　　(b) 硅光敏晶体管

图 6.14　硅光敏管的伏安特性曲线图

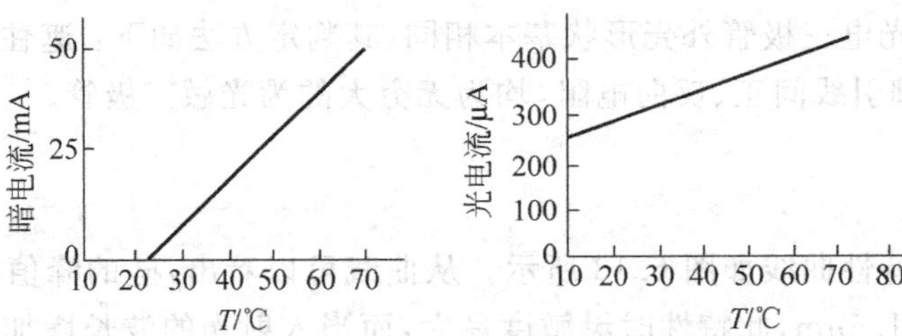

图 6.15　光敏晶体管的温度特性曲线图

例 6.3　光敏二极管的特性及含义。

答：

(1) 光谱特性：一般来讲，锗管的暗电流较大，因此性能较差，故在可见光或探测赤热状态物体时，一般都用硅管。但对红外光进行探测时，锗管较为适宜。

(2) 伏安特性：光敏晶体管的光电流比相同管型的二极管大上百倍。

(3) 温度特性：从特性曲线可以看出，温度变化对光电流影响很小，而对暗电流影响很大，所以在电子线路中应该对暗电流进行温度补偿，否则将会导致输出误差。

3) 光敏二极管实物及符号

光电二极管是一种利用PN结的单向导电性的结型光敏传感器，与普通二极管不同的是PN结上装有透明管壳，以接受光照。

图 6.16(a)为一种红外光敏二极管外形图。目前，光敏二极管根据对不同波长的光敏感程度不同，可以分为普通光、红外光和激光三种类型。图 6.16(b)为光敏二极管电路符号。图 6.16(c)为光敏二极管的应用电路。在没有光照时，由于二极管是反向偏置，反向电流很小，称为暗电流；当光照射在PN结上时，其反向电流(光电流)增加，光照越强，光电流越大，图中输出电压 U_o 的大小正比于光照强度。

特别提示：在应用中，光敏二极管一定要处于反偏状态。

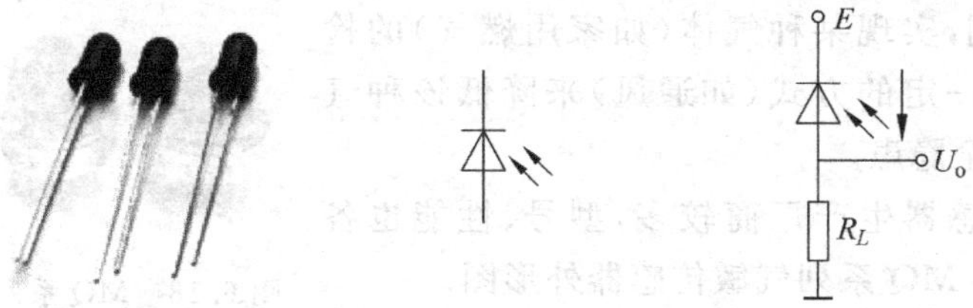

(a) 外形图　　(b) 电路符号　　(c) 应用电路

图 6.16　光敏二极管及其应用电路

4）光敏三极管实物及符号

光敏三极管是另一种光电转换器件，与普通三极管一样，有 PNP 和 NPN 两种类型，有两个 PN 结，集电结具有光敏特性，相当于一个光敏二极管。

图 6.17(a)为一种光敏三极管的外形图，图 6.17(b)为光敏三极管的电路符号图，图 6.17(c)、图 6.17(d)为光敏三极管的应用电路。在应用时，集电结反偏、发射结正偏，在光照的控制下，可以等效地看成是由光敏二极管产生的光电流在三极管中进行放大，所以其光电流比光敏二极管的光电流要大得多，即光敏三极管的灵敏度比光敏二极管要高。光敏三极管最常用的材料是硅，一般情况下，只引出集电极和发射极，其外形与发光二极管相同。

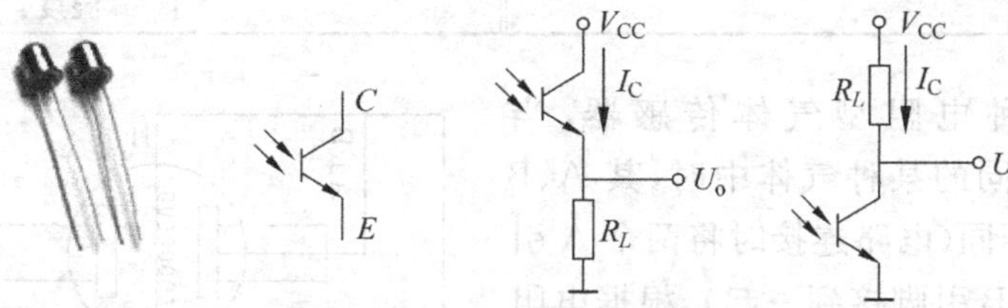

(a) 外形图　　(b) 电路符号　　(c) 应用电路1　　(d) 应用电路2

图 6.17　光敏三极管及其应用电路

四、项目总结

通过本项目的学习，应掌握如下知识重点：①光敏二极管、三极管的工作原理；②光敏二极管、三极管的应用电路。

通过本项目的学习，应掌握如下实践技能：①能正确选用各种光敏传感器；②能设计制作简单的光敏传感器应用电路；③会调试光敏传感器应用电路。

项目 3　气敏传感器在有害气体检测中的应用

一、项目目标

应用气体传感器设计一有害气体泄漏报警与控制电路，并会调试电路。通过该项目的学习，掌握气体传感器的特点，知道其主要参数，学会正确选用气体传感器。

二、项目分析

气体传感器是一种能够感知环境中某种气体及其浓度的敏感元件，本项目主要以电阻型气体传感器为例，实现某种气体（如家用燃气）的检测与报警，并通过一定的方式（如通风）来降低该种气体的浓度，减少安全隐患。

图 6.18　MQ 系列气敏传感器外形图

目前，气体传感器生产厂商较多，型号、性能也各不相同，图 6.18 为 MQ 系列气敏传感器外形图。

MQ-6 气体传感器主要参数如表 6.5 所示。

表 6.5　MQ-6 气体传感器主要参数表

名　　称	参　　数	名　　称	参　　数
适用气体	液化气、异丁烷、丙烷	加热电偶	31Ω±3Ω
探测范围	100～10 000ppm	加热电流	≤180mA
特征气体	1000ppm 异丁烷	加热电压	5V±0.2V
灵敏度	≥5	加热功率	≤900mW
响应时间	≤10s	测量电压	≤24V
敏感体电阻	1～20kΩ in 2000ppm 异丁烷	工作条件	环境温度：.10～50℃ 湿度：≤95%RH
恢复时间	≤30s	储存条件	温度：.20℃.70℃ 湿度：≤70%RH

MQ-6 是一种电阻型气体传感器，当 MQ-6置于浓度不同的某种气体中时，其 A、B 间的敏感电阻值不同（电路连接时将两个 A 引脚接到一起，两个 B 引脚接到一起），根据电阻值变化即可知道气体浓度。在实际测量中，通常将传感器和电阻串联实现检测，图 6.19(c) 为气体传感器测试电路，图中 R_L 为负载电阻。由图可知，在 R_L 一定的情况下，当气体浓度不同时，传感器的敏感体电阻值改变，输出电压 V_{out} 也就不同，即：

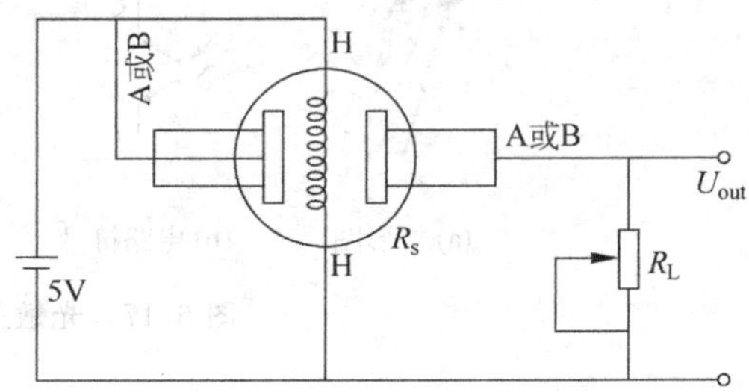

图 6.19　气体传感器测试电路图

$$V_{out}=\frac{R_L}{R_L+R_S}V_C \tag{6.3}$$

一般情况下，气体浓度愈高，其敏感体电阻值愈小。

三、项目实施

1. 电路原理

可燃气体泄漏报警控制电路如图 6.20 所示。

该报警器主要由电源、传感器检测电路、传感器预热电路及报警与控制电路 4 部分组成。电源部分由 BRIDEG$_1$、C_1、U_1、C_2 及 LED$_1$、R_1 组成，变压器将 220V 市电降为 7.5V 的交流电压，经 BRIGERG$_1$、C_1 整流、滤波后得到 9V 的直流电压，一方面作为 LM324 和报警与控制电路的供电电源，另一方面经 U_1 稳压后作为其他电路的电源。传感器检测电路由 MQ$_6$、R_{P1}、R_{P2}、R_2、R_3、R_4 及 U2B 组成，R_{P1} 用于调节传感器的灵敏度，R_{P2} 用于调节报警电路的起控浓度，

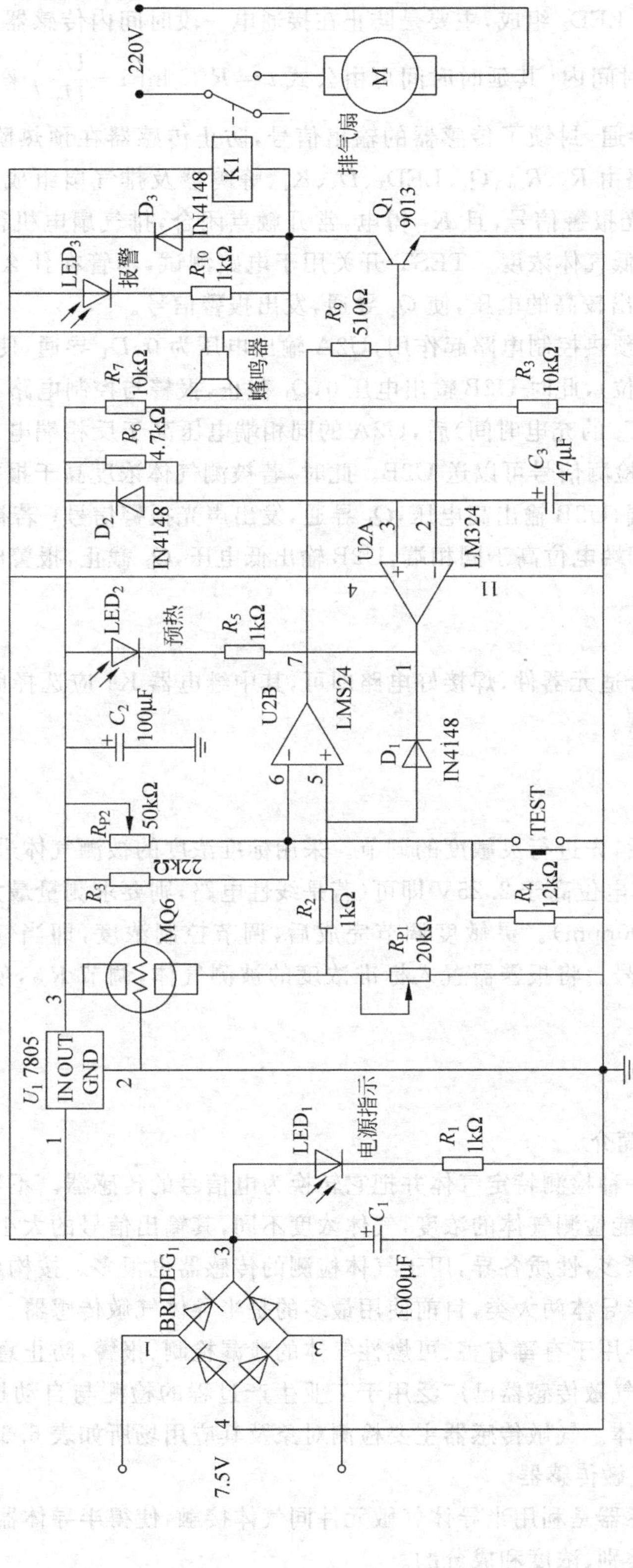

图 6.20　可燃气体泄漏报警控制电路

调节R_{P2}可以使U2B反相端电位在2.25～5V之间变化。传感器预热电路由D_1、D_2、U2A、R_5、R_6、R_7、R_8、C_3和LED_2组成，主要是防止在接通电一段时间内传感器电路发生误动作。在接通电源的一段时间内$\left(\text{其延时时间可由公式 } t=R_6C_3\ln\left(1-\frac{U_1}{U_2}\right)\text{来计算}\right)$，使U2A输出电压为0，使$D_1$导通，封锁了传感器的输出信号，防止传感器在预热阶段电路发生误动作。报警与控制电路由R_9、R_{10}、Q_1、LED_3、D_3、K_1、蜂鸣器及排气扇组成，当Q_1导通时，蜂鸣器、LED_3发出声光报警信号，且K_1得电，常开触点闭合，排气扇电机得电，启动电扇，将室内空气排出，以降低气体浓度。TEST开关用于电路测试，不管在什么状态下，只要按下TEST开关，U2B输出较高的电压，使Q_1导通，发出报警信号。

在接通电源时，预热控制电路起作用，U2A输出电压为0，D_1导通，使U2B同相端电位较低(小于反相端电位)，此时U2B输出电压0，Q_1截止，报警与控制电路不动作。经过一段时间(取决于R_6对C_3的充电时间)后，U2A的同相端电压高于反相端电压，U2A输出高电压，D_1截止，传感器检测信号可以送U2B。此时，若被测气体浓度高于报警点，则U2B的同相端电位高于反相端，U2B输出高电压，Q_1导通，发出声光报警信号；若被测气体浓度低于报警点，则U2B反相端电位高于同相端，U2B输出低电压，Q_1截止，报警电路不工作。

2. 电路制作

按原理图选择合适元器件，焊接好电路即可，其中继电器K1应选择固态继电器或者密封较好的电磁继电器。

3. 电路调试

电路制作完成后，先进行灵敏度的调节。采用标准浓度的被测气体进行调节，通过调节R_{P1}使U2B同相端的电位高于2.25V即可(若是线性电路，则要求测量最大浓度时其输出电压不高于5V，如1000ppm)。灵敏度调节完成后，调节控制浓度，即当气体浓度达到多高时，电路发出报警信号。将报警器置入标准浓度的被测气体，调节R_{P2}，使电路刚好发出报警信号即可。

4. 知识链接

1) 气敏传感器简介

气敏传感器是一种检测特定气体并把它转换为电信号的传感器。不但可以检测出某种气体的存在与否，还能检测气体的浓度，气体浓度不同，其输出信号的大小也不同。

由于气体种类繁多，性质各异，用于气体检测的传感器也很多。按构成气敏传感器材料可分为半导体和非半导体两大类，目前使用最多的是半导体气敏传感器。

气敏传感器最早用于有毒有害、可燃性气体的泄漏检测、报警，防止意外事故的发生，保证安全生产。目前，气敏传感器已广泛用于工业生产过程的检测与自动控制、环境监测、医疗卫生、有毒有害气体。气敏传感器主要检测对象及其应用场所如表6.6所示。

(1) 半导体型气敏传感器

半导体气敏传感器是利用半导体气敏元件同气体接触，使得半导体器件电参数改变，从而可以检测气体的类别、浓度和成分的。

半导体气敏传感器可以分为电阻型和非电阻型两种，如表 6.7 所示。

表 6.6 气敏传感器主要检测对象及其应用场所列表

分 类	检测对象气体	应 用 场 合
易燃易爆气体	液化石油气、焦炉煤气、气体炉煤气、天然气	家庭
	甲烷	煤矿
	氢气	冶金、试验室
有毒气体	一氧化碳（煤炭等不完全燃烧）	煤气灶等
	硫化氢、含硫的有机化合物	石油工业、制药厂
	卤素、卤化物和氨气等	冶炼厂、化肥厂
环境气体	氧气	地下工程、家庭
	水蒸气（调节湿度、防止结露）	电子设备、汽车和温室等
	大气污染（SO_X，NO_X，Cl_2 等）	工业区
工业气体	燃烧过程气体控制，调节燃/空比	内燃机、锅炉
	一氧化碳（防止不完全燃烧）	内燃机、冶炼厂
	水蒸气（食品加工）	电子灶
其他用途	烟雾、司机呼出的酒精	火灾预防、事故报警

表 6.7 半导体气敏传感器分类

类 型	测 量 类 型	常 见 材 料	工 作 温 度	主要测量的气体
电阻式	表面控制型	SnO_2、ZnO	室温～450℃	可燃气
	体控制型	Lal. x、CoO_2、γ-Fe_2O_3、TiO_2、CoO、MgO、SnO_2	300～450℃ 700℃以上	乙醇、可燃气
非电阻式	二极管整流特性	铂-硫化镉、铂-氧化钛	室温～200℃	H_2、CO、乙醇
	晶体管特性	铂栅、钯栅 MOSFET	150℃	H_2、H_2S
	表面电位	氧化银	室温	

半导体气敏传感器的敏感元件采用金属氧化物材料，它分为 N 型、P 型和混合型三种。N 型材料主要有 TiO_2（二氧化钛）、SnO_2（二氧化锡）、Fe_2O_3（三氧化二铁）、ZnO（氧化锌）等；P 型材料主要有 MoO_2（二氧化钼）、NiO_2（二氧化镍）、Cu_2O（氧化亚铜）、Cr_2O_3（氧化铬）等。常见的半导体气敏元件是 SnO_2 金属氧化物和 Fe_2O_3 金属氧化物半导体气敏元件。

这类器件的基本原理为：通过可燃气体与传感器的接触使其电阻率发生改变的原理来实现测量气体浓度。半导体气敏元件的敏感部分是金属氧化物半导体微结晶粒子烧结体，当它的表面吸附检测气体时，半导体微结晶粒子接触界面的导电电子比例就会发生变化，从而使气敏元件的电阻值随被测气体的浓度而改变。这种反应是可逆的，因而是可以使用的。电阻值的变化是伴随着金属物半导体表面对气体的吸附和释放而发生的，加速这种反应，通常要用加热器对气敏元件进行加热。

(2) 集成型气敏传感器

集成是传感器发展的方向，目前集成型气体传感器主要分为两种类型：一类是把敏感部分、加热部分和控制部分集成在同一基底上，以提高器件的性能；另一类是把多个具有选择性的元件，用厚膜或薄膜的方法制在一个衬底上，用微机处理和信号识别的方法对被测气体进行有选择性的测定，这样既可以对气体进行识别，又可以提高检测灵敏度。

2) 气敏传感器的选用原则

气敏传感器种类较多,使用范围较广,其性能差异大,在工程应用中,应根据具体的使用场合、要求进行合理选择。

(1) 使用场合

气体检测主要分为工业和民用两种情况,不管是哪一种场合,气体检测的主要目的是为了实现安全生产,保护生命和财产的安全。就其应用目的而言,主要有三个方面:测毒、测爆和其他检测。测毒主要是检测有毒气体的浓度不能超标,以免工作人员中毒;测爆则是检测可燃气体的含量,超标则报警,避免发生爆炸事故。其他检测主要是为了避免间接伤害,如检测司机酒后驾车的酒精浓度检测与报警。

因每一种气敏传感器对不同的气体敏感程度不同,只能对某些气体实现更好的检测,在实际应用中,根据检测的气体不同选择合适的传感器。

(2) 使用寿命

不同气敏传感器因其制造工艺不同,其寿命不尽相同,针对不同的使用场合和检测对象,应选择相对应的传感器。如一些安装不太方便的场所,应选择使用寿命比较长的传感器。光离子传感器的寿命为4年左右,电化学特定气体传感器的寿命为一两年,电化学传感器的寿命取决于电解液的多少和有无,氧气传感器的寿命为一年左右。

(3) 灵敏度与价格

灵敏度反映了传感器对被测对象的敏感程度,一般来说,灵敏度高的气敏传感器其价格也贵,在具体使用中要均衡考虑。在价格适中的情况下,应尽可能地选用灵敏度高的气敏传感器。

四、项目总结

通过本项目的学习,应掌握如下知识重点:①气体测量的基本知识;②常用气体传感器;③气体测量的原理及实例。

通过本项目的学习,应掌握如下实践技能:①能正确选用气体传感器;②会调试气体传感器应用电路。

项目4 电阻型湿度传感器在简易湿度计中的应用

一、项目目标

能根据湿敏传感器的特性,设计一湿度检测电路,并会调试电路。通过该项目的学习,掌握湿敏传感器的特点,知道其主要参数,学会正确选用湿敏传感器。

在本项目的学习中,通过一个具体的应用项目,掌握湿度检测电路的设计与调试方法,为工程应用打下基础。

二、项目分析

湿度检测在工农业生产、医疗卫生、食品加工以及日常生活中,显示出非常重要的地位与作用,直接关系到产品的质量。如半导体制造中,静电电荷与湿度有直接关系等。

湿度是表示空气中水蒸气含量的物理量,其表示方法有三种:绝对湿度、相对湿度和露点，一般情况下所说的湿度均为相对湿度，用 RH%表示，其值范围是：0%RH～100%RH。目前，湿敏传感器的种类繁多，特性不同，若按材料来分，有高分子材料、半导体陶瓷、电解质及其他材料；若按工作原理来分，则分为电阻型和电容型两种，分别用符号 R_H 和 C_H 表示。

本项目应用 CHR-01 阻抗型高分子湿度传感器进行设计，其外形尺寸及内部结构示意图如图 6.21 所示。

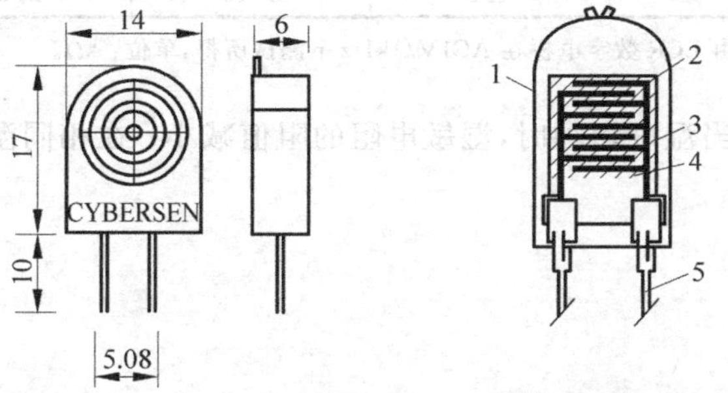

(a) 外形尺寸示意图　　　(b) 内部结构示意图

图 6.21　CHR-01 型湿敏传感器外形及结构示意图

1—外壳；2—基片；3—电极；4—感湿材料；5—引脚

湿敏传感器主要参数如表 6.8 所示。

表 6.8　湿敏传感器主要参数表

参　　数	值
工作电压	AC1V(50Hz ～ 2kHz)
检测范围	20%RH～ 90%RH
检测精度	±5%
工作温度范围	0～+85℃
最高使用温度	120℃ *
特征阻抗范围	30(21～ 40.5)kΩ　(60%RH,25℃)
响应时间	≤12s(20%～90%)
湿度飘移/年	≤±2%RH
湿滞	≤ 1.5%RH

湿度阻抗特性数据如表 6.10 所示。

表 6.9　湿度阻抗特性数据表

	15℃	25℃	35℃	40℃	55℃
30%	518.8	352.8	256.7	241.3	137
35%	347.6	261.8	143	137	80.33
40%	277.2	166.6	93.6	81.53	50
45%	172.8	92.8	60.3	52.7	33.38
50%	96.3	60.6	41.43	34.3	22.05
55%	70.8	40.4	29.12	24.25	15.88
60%	56.2	29.5	20.8	17.71	12.17
65%	43.3	21.1	15.61	13.12	9.02
70%	31.3	15.44	11.51	10.09	6.58

续表

	15℃	25℃	35℃	40℃	55℃
75%	22.6	11.84	8.74	7.35	4.64
80%	15.8	9.13	6.52	5.46	3.38
85%	10.48	6.55	4.52	3.89	2.48
90%	7	4.6	3.15	2.65	1.807

注：表 6.9 中的数据均由 LCR 数字电桥在 AC1V/1kHz 下测试所得，单位：kΩ。

由表中数据可知，当湿度增加时，湿敏电阻的阻值减小；在相同湿度下，温度越高，其阻值越小。

三、项目实施

1. 电路原理

简易湿度计原理图由 5 部分组成：振荡电路、对数压缩电路、整流电路、放大电路及显示器，如图 6.22 所示。

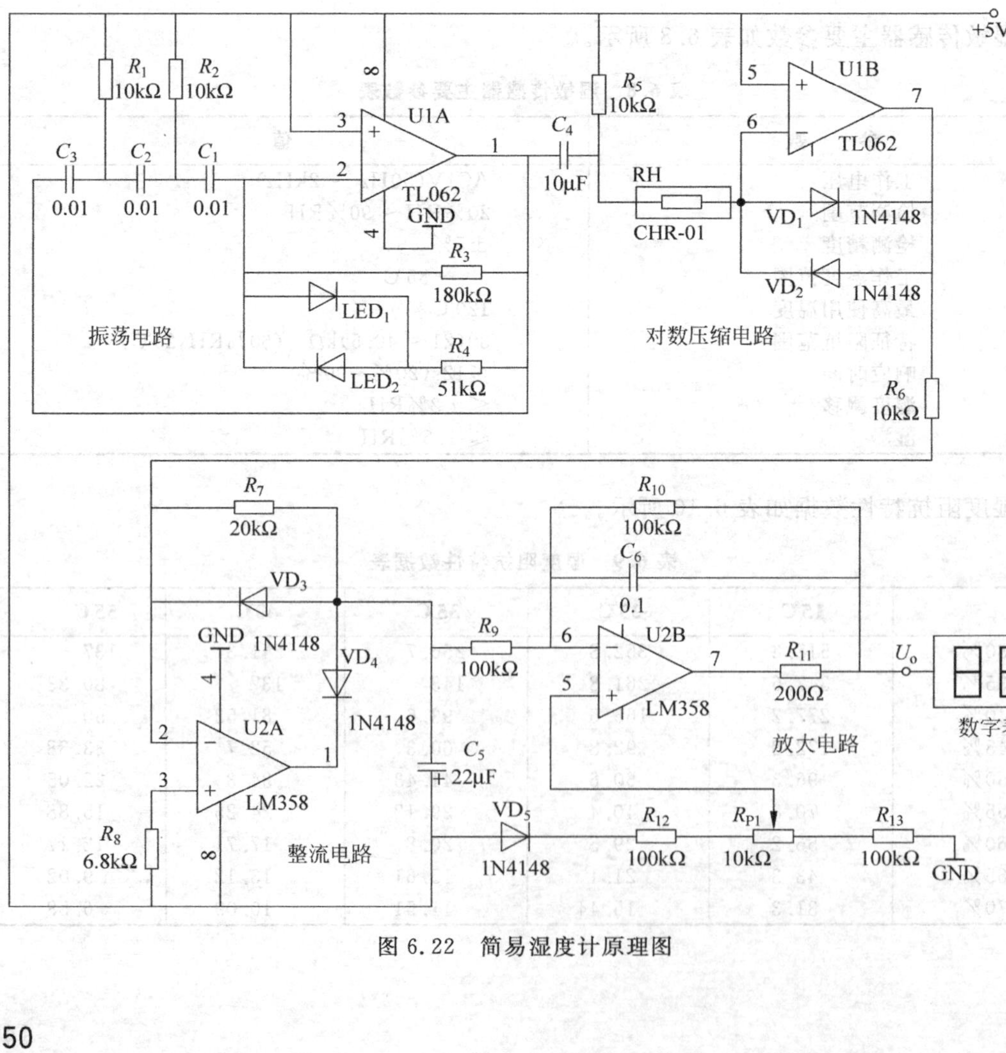

图 6.22　简易湿度计原理图

U1A 及外围元件 R_1、R_2、C_1、C_2 及 C_3 组成低频振荡器，振荡器的输出频率为 900Hz、1.3V 的正弦波信号，作为湿敏元件的工作电压源，在它的反馈回路中串有两个 LED 发光二极管 LED_1、LED_2，以提高振荡幅值的稳定性。U1B 与 VD_1 和 VD_2 组成对数压缩电路，它是利用硅二极管 VD_1、VD_2 正向电压与电流成对数关系的特性来实现对数压缩的，从而实现线性化处理，用来补偿湿敏元件的非线性。由于硅二极管 VD_1、VD_2 具有.2mV/℃的温度特性，所以可以对湿敏元件起到一定的温度补偿作用。U2A 与 R_7、R_8、VD_3 和 VD_4 组成整流电路，将交流信号变换成与湿度成正比的电压信号。U2B 与 R_{10}、R_{11}、R_{12}、R_{13}、C_6、VD_5 及 R_{P1} 组成信号移位电路，并兼有温度补偿作用。调节 R_{P1} 可改变同相端的电位，可实现输出电压的调节；而 VD_8 又可起到温度补偿作用，通过该单元电路处理，可获得理想的补偿效果。

由于湿敏传感器在低湿度时的电阻值非常大，为了实现阻抗匹配，图中 U1A 和 U1B 应选用高输入阻抗的集成运放，图中采用 TL062，其为场效应管输入电路，具有较高的输入阻抗。

2. 电路制作

按原理图选择合适元器件，焊接好电路，接通电源 5V 电源，电路即可工作。

3. 电路调试

为了得到比较好的测量效果，一般要进行电路调试。本项目的电路调试主要是 R_{P1} 的调整，调前应准备好标准的湿度计作为参照，调节时将标准湿度计和自制作的电路放入同一环境中。

4. 知识链接

1) 湿度的表示方法

湿度是表示空气中水蒸气含量的物理量，其表示方法有三种：绝对湿度、相对湿度和露点。

(1) 绝对湿度

绝对湿度是指单位体积空气内所含水蒸气的质量，一般用 $1m^3$ 空气中所含水蒸气的克数来表示(g/m^3)，即

$$Ha = \frac{m_v}{V} \tag{6.4}$$

式中，m_v——待测空气中水蒸气的质量；

V——待测空气的总体积。

(2) 相对湿度

相对湿度表示空气中实际所含水蒸气的分压和同温度下饱和水蒸气的分压的百分比，即

$$H_T = \frac{P_W}{P_N} \times 100\% \tag{6.5}$$

式中，P_W——待测空气中水蒸气的质量；

P_N——待测空气的总体积。

相对湿度一般用RH%表示,为无量纲的值。通常所说的湿度即为相对湿度。相对湿度受温度、气压影响较大,因为气体温度和压力改变时,因饱和水蒸气变化,所以气体中的水蒸气压即使相同,其相对湿度也发生变化。

(3) 露点

保持气体压力不变,降低温度,使混合气体中的水蒸气达到饱和而开始结露或结霜时的温度称为露点温度,称为露点,单位为℃。

2) 湿敏传感器的分类

水是一种极强的电解质。水分子有较大的电偶极矩,在氢原子附近有极大的正电场,因而它有很大的电子亲和力,使得水分子易吸附在固体表面并渗透到固体内部。利用水分子这一特性制成的湿度传感器称为水分子亲和力型传感器。水分子亲和力型传感器按材料不同,又可分为碳膜、硒膜、电解质、高分子材料、金属氧化物膜、金属氧化物陶瓷和水晶振子湿敏传感器。而把与水分子亲和力无关的湿度传感器称为非水分子亲和力型传感器。这类传感器主要有热敏电阻式、红外、微波及超声波湿敏传感器。在现代工业上使用的湿度传感器大多是水分子亲和力型传感器,它们将湿度的变化转换为阻抗或电容值的变化后输出。

3) 湿敏传感器的工作原理

根据传感器的特性不同,常用湿度传感器分为电阻式和电容式两种。

(1) 湿敏电阻传感器

电阻式湿敏传感器根据使用材料不同可以分为高分子型和陶瓷型。MCT系列陶瓷材料温度在200℃以下时,电阻值受温度影响比较小;当温度在200℃以上时呈现普通的热敏电阻特性,这样加热清洗的温度控制可利用湿敏陶瓷在高温时具有热敏电阻特性进行自动控制。由于传感器的基片与湿敏陶瓷容易受到污染,当电解质附着在基片上时,传感器端子间将产生电气泄漏,相当于并联一只泄漏电阻,因此需要在基片上增设防护圈。

(2) 湿敏电容传感器

湿敏电容传感器是利用了两个电极间的电介质随温度变化引起电容值变化的特性制造出来的。

湿敏电容传感器的上、下电极中间夹着湿敏器件,并附着在玻璃或陶瓷基片上。若湿敏器件吸收周围的湿度变化时,由此介电常数发生变化,由相应的电容量发生变化,通过检测电容量的变化就能检测周围的湿度。

检测电容变化的有采用湿敏与电感器构成LC谐振电路,作为其振荡频率变化取出的方法,也有取出周期变化的方法。湿敏电容传感器的湿度检测范围宽、响应速度快、体积小、线性好、较稳定,很多湿度计都使用这种传感器。

4) 湿敏传感器的特点

湿度传感器产品的基本形式都为在基片涂覆感湿材料形成感湿膜,空气中的水蒸气吸附于感湿材料后,元件的阻抗、介质常数发生很大的变化,从而制成湿敏元件。

国内外各厂家生产的湿度传感器水平不一,质量和价格相差较大,湿度传感器的主要特点如下:

(1) 精度和长期稳定性

湿度传感器的精度应达到±2%RH~±5%RH,达不到这个水平很难作为计量器具使用，湿度传感器要达到±2%RH～±3%RH 的精度是比较困难的，通常产品资料中给出的特性是在常温(20℃±10℃)和洁净的气体中测量的。在实际使用中，由于尘土、油污及有害气体的影响，使用时间一长，会产生老化，精度下降，湿度传感器的精度水平要结合其长期稳定性去判断，一般说来，长期稳定性和使用寿命是影响湿度传感器质量的头等问题，年漂移量控制在 1%RH 水平的产品很少，一般都在±2%左右，甚至更高。

(2) 湿度传感器的温度系数

湿敏元件除对环境湿度敏感外，对温度也十分敏感，其温度系数一般在 0.2%RH/℃～0.8%RH/℃范围内，而且有的湿敏元件在不同的相对湿度下，其温度系数又有差别。温漂非线性，这需要在电路上加温度补偿式。采用单片机软件补偿，或无温度补偿的湿度传感器是保证不了全温范围的精度的，湿度传感器温漂曲线的线性化直接影响到补偿的效果，非线性的温漂往往补偿不出较好的效果，只有采用硬件温度跟随性补偿才会获得真实的补偿效果。湿度传感器工作的温度范围也是重要参数。多数湿敏元件难以在 40℃以上正常工作。

(3) 湿度传感器的供电

金属氧化物陶瓷、高分子聚合物和氯化锂等湿敏材料施加直流电压时，会导致性能变化，甚至失效，所以这类湿度传感器不能用直流电压或有直流成分的交流电压，必须是交流电供电。

(4) 互换性

目前，湿度传感器普遍存在着互换性差的现象，同一型号的传感器不能互换，严重影响了使用效果，给维修、调试增加了困难，有些厂家在这方面作出了种种努力，(但互换性仍很差)取得了较好效果。

(5) 湿度校正

校正湿度要比校正温度困难得多。温度标定往往用一根标准温度计作标准即可，而湿度的标定标准较难实现，干湿球温度计和一些常见的指针式湿度计是不能用来作标定的，精度无法保证，因其要求环境条件非常严格，一般情况(最好在湿度环境适合的条件下)，在缺乏完善的检定设备时，通常用简单的饱和盐溶液检定法，并测量其温度。

5) 湿敏传感器应用电路设计注意事项

基于湿敏传感器的特点，在应用湿敏传感器设计应用电路时，主要考虑以下几方面的问题：

(1) 采用正弦激励信号源

湿敏传感器最理想的激励源为正弦波信号，工作频率为 1kHz 左右，且失真小，不含直流分量，信号幅度 1V 左右，具体数值根据制造商提供的产品手册数据为准，电压过高会影响传感器的可靠性；电压过低，则会因传感器的阻抗高而受到噪声的影响。

(2) 对阻抗特性的处理

因湿敏传感器的“湿度-阻抗”特性呈指数规律变化，所以湿敏传感器的输出信号也是按指数规律变化，在 30%RH～90%RH 范围内，电阻变化 10^4～10^5 倍，可利用对数压缩电路来解决，通常使用硅二极管正向压降和电流呈指数规律变化的特性来构成运算放大电路，而且要选高输入阻抗(场效应管)的放大电路实现处理，保证低湿度时测量的准确性(因低湿度时阻抗很大)。

(3) 温度补偿

湿敏传感器的特性与温度关系密切,在相同湿度条件下,温度不同时其电性能也不相同,因此要进行温度补偿。补偿的方法主要有两种：利用二极管构成对数压缩电路和利用负温度系数热敏电阻进行补偿。

(4) 线性化电路

大多数情况下,湿敏传感器的输出与湿度并不是呈线性关系。为了准确显示湿度值,必须加入线性化电路,使传感器的输出信号与湿度呈线性关系。线性化电路用得比较多的是折线法,但在要求不太高的情况下,或者测量范围不大时,也可以直接采用电平移动的方法来获取湿度信号。

四、项目总结

通过本项目的学习,应掌握如下知识重点：①湿度测量的基本知识；②常用湿敏传感器；③湿度测量的原理及实例。

通过本项目的学习,应掌握如下实践技能：①能正确选用湿度传感器；②会调试湿敏传感器应用电路。

阅读材料　无线传感器网络

随着微电子机械系统(Micro-electro-mechanism System,MEMS)、计算机、无线通信和电子学以及自动控制和人工智能的飞速发展,孕育出了一种由传感器、微处理器和无线通信接口组成的新型测控网络——无线传感器网络(Wireless Sensor Networks WSN)。这种网络在制造业、抗灾抢险、医疗卫生、环境检测、智能家庭网络和军事等领域有着广阔的应用前景,成为学术界、工业界的研究热点。

无线传感器网络是融合了传感器、嵌入式计算、无线通信、分布式信息处理等多学科知识的前沿热点研究领域,它能够通过各类集成化的微型传感器协同完成对各种环境和检测对象的信息实时监测、感知和采集,并将这些信息在无线多跳网络中传送给用户。无线传感器网络的出现,将逻辑上的信息世界与客观的物理世界融合在一起,改变了人与机器、人与自然的交互方式,从而实现物理世界、计算世界以及人类社会这三元世界的连通,极大地扩展了人类认识世界的能力。

无线传感器网络技术作为信息领域的一个全新的方向,已经引起了国内外专家学者的强烈关注。无线传感器网络技术是从传感器技术发展而来的,传感器网络经历了如图1所示的发展历程。

由于无线传感器网络可以在任何时间地点和任何环境条件下获取大量翔实而可靠的信息,因此,无线传感器网络作为一种新型的信息获取系统,具有极其广阔的应用前景,可被广泛应用于国防军事、环境监测设施、农业、医疗卫生、智能家居、交通管理、制造业、反恐抗灾等领域。

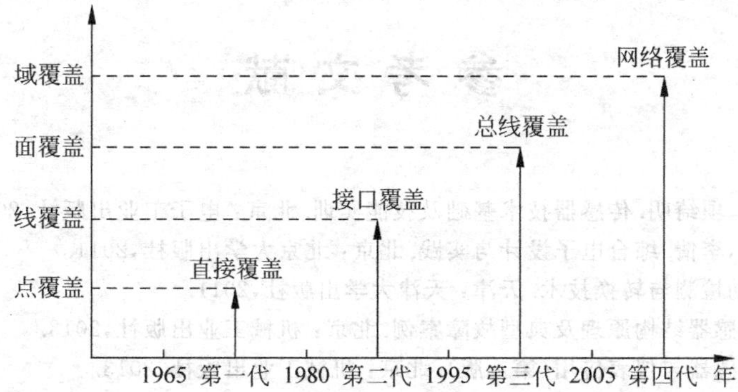

图 1　传感器网络发展历程

复习与训练

1. 湿度传感器可以分为哪些类型?
2. 在应用湿度传感器时,应注意什么问题?

参考文献

[1] 孙余凯,吴鸣山,项绮明.传感器技术基础及技能实训.北京：电子工业出版社,2012.
[2] 钱卫钧,赵云伟,李倩.综合电子设计与实践.北京：北京大学出版社,2011.
[3] 沈洁,谢飞.自动检测与转换技术.天津：天津大学出版社,2011.
[4] 杨维俊.汽车传感器结构原理及典型故障案例.北京：机械工业出版社,2013.
[5] 李方园.图解传感器与仪表应用(第2版).北京：机械工业出版社,2013.
[6] 冯成龙,刘洪恩.传感器应用技术.北京：清华大学出版社,2009.

图书资源支持

感谢您一直以来对清华版图书的支持和爱护。为了配合本书的使用，本书提供配套的资源，有需求的读者请扫描下方的“书圈”微信公众号二维码，在图书专区下载，也可以拨打电话或发送电子邮件咨询。

如果您在使用本书的过程中遇到了什么问题，或者有相关图书出版计划，也请您发邮件告诉我们，以便我们更好地为您服务。

我们的联系方式：

地　　址：北京市海淀区双清路学研大厦 A 座 714

邮　　编：100084

电　　话：010-83470236　010-83470237

客服邮箱：2301891038@qq.com

QQ：2301891038（请写明您的单位和姓名）

资源下载：关注公众号“书圈”下载配套资源。

资源下载、样书申请

书圈　　获取最新书目　　观看课程直播